工伤预防知识学习手册丛书

工伤预防：
消防安全知识学习手册

主　编◎李　鑫　邓盈祺　佟瑞鹏
副主编◎王智浩　皮芙萍

中国劳动社会保障出版社

图书在版编目（CIP）数据

工伤预防. 消防安全知识学习手册 / 李鑫，邓盈祺，佟瑞鹏主编. -- 北京：中国劳动社会保障出版社，2025. --（工伤预防知识学习手册丛书）. -- ISBN 978-7-5167-7051-1

Ⅰ. X928.03-62；TU998.1-62

中国国家版本馆 CIP 数据核字第 2025LD0091 号

工伤预防：消防安全知识学习手册
GONGSHANG YUFANG：XIAOFANG ANQUAN ZHISHI XUEXI SHOUCE

中国劳动社会保障出版社出版发行
（北京市惠新东街 1 号　邮政编码：100029）

*

天津市银博印刷集团有限公司印刷装订　　新华书店经销
880 毫米 ×1230 毫米　32 开本　4.125 印张　90 千字
2025 年 6 月第 1 版　2025 年 6 月第 1 次印刷
定价：**16.00** 元

营销中心电话：400-606-6496
出版社网址：https://www.class.com.cn

版权专有　　侵权必究

如有印装差错，请与本社联系调换：（010）81211666
我社将与版权执法机关配合，大力打击盗印、销售和使用盗版图书活动，敬请广大读者协助举报，经查实将给予举报者奖励。
举报电话：（010）64954652

"工伤预防知识学习手册丛书"编委会

主　任：佟瑞鹏
副主任：张姜博南　李宝昌
委　员：孙　浩　　张渤苓　　王露露　　王乐瑶　　张东许　　赵　旭
　　　　孙宁昊　　和杰花　　李佳航　　胡向阳　　王　乾　　梁梵洁
　　　　李　鑫　　王楚涵　　赵云昊　　宋轩宇　　王登辉　　姚泽旭
　　　　尹雪晨　　郭　钰　　孙鹏依　　韩吉祥　　张晓磊　　孟子尧
　　　　刘贤鹏　　柴文浩　　李慕晨　　未宗帅　　毛　颖　　王益艳
　　　　赵晶荣　　董国宇　　杨昂滨　　武　琪　　李佳琦　　张笑璇
　　　　连芳菲　　王智浩　　吴韶辉　　李聪聪　　李昕阳　　张培森
　　　　张智慧　　邓盈祺　　郝彬鑫　　芦佳乐　　尼玛平措
　　　　皮芙萍

内容简介
INTRODUCTION

本书以火灾爆炸危险行业的消防安全和工伤预防为核心，紧扣国家工伤保险、安全生产法律法规及政策，全面讲解了工伤预防的理论与实践方法，旨在帮助用人单位及其职工更好地应对行业特有的工伤风险，在分析行业工伤特征的基础上，提供了系统化的预防对策和操作指南。

本书是"工伤预防知识学习手册丛书"之一，全面系统地介绍了工伤保险和工伤预防基础知识，梳理了消防安全相关基本概念与基础知识，以及火灾爆炸事故预防及常用消防设施与器材的使用方法。本书以法律法规和规章制度以及重要国家标准为依据，重点介绍了工伤保险和工伤预防、消防安全基础知识、火灾爆炸事故预防、火灾扑救、消防设施与器材、火灾应急处置与逃生救护等内容。

本书内容精简实用，典型性、通用性强，文字表述浅显易懂，版式活泼，搭配原创漫画配图，以便于对重要知识的理解与掌握。本书适合在工伤保险集中宣传活动中进行基础知识普及，适合各类用人单位开展工伤预防宣传培训使用，适用于广大职工群众提升工伤预防意识、了解工伤保险与安全生产知识。

目录 CONTENTS

第1章 工伤保险和工伤预防 /1
1. 工伤保险的定义与特点 /1
2. 工伤保险的重要意义与原则 /3
3. 我国工伤保险制度发展历程 /5
4. 工伤保险基金与参保缴费 /7
5. 工伤认定 /8
6. 工伤职工劳动能力鉴定 /12
7. 工伤保险待遇 /14
8. 工伤预防的概念与作用 /16
9. 职工工伤保险和工伤预防的权利和义务 /18
10. 工伤预防管理模式 /19

第2章 消防安全基础知识 /21
11. 消防有关法律和政策文件 /21
12. 火灾爆炸的类型及特点 /24
13. 火灾的危害因素 /28
14. 常见的灭火方式 /30
15. 消防培训与演练 /31

第 3 章　火灾爆炸事故预防 /35

16. 常见的火灾爆炸事故原因 /35

17. 建筑施工消防制度规定 /36

18. 动火要求 /38

19. 建筑防火设计要求 /40

20. 危险化学品消防安全 /45

21. 易燃易爆性商品消防安全 /50

22. 汽车加油加气加氢站消防安全 /51

23. 石油天然气消防安全 /52

24. 煤矿消防安全 /54

25. 焊接与切割、涂装作业消防安全 /57

26. 交通运输工具火灾预防 /61

27. 烟花爆竹生产经营和运输安全 /69

28. 烟花爆竹生产加工消防安全 /72

第 4 章　火灾扑救 /75

29. 初期火灾扑救 /75

30. 危险化学品火灾扑救 /76

31. 矿井火灾扑救 /78

32. 电气火灾扑救 /81

33. 交通运输火灾扑救 /83

第 5 章　消防设施与器材 /89

34. 常见的消防设施 /89

35. 消防车道设置 /95

36. 常用的灭火器类型及使用方法 /97

37. 常用的阻火、防爆装置 /101

38. 消火栓箱的使用方法 /104

39. 灯光疏散指示标志和疏散照明装置 /105

第 6 章 火灾应急处置与逃生救护 /109

40. 火灾应急处置原则 /109

41. 火灾现场逃生的方法与注意事项 /111

42. 建筑火灾的避险逃生方法 /113

43. 疏散方式及可利用的疏散设施 /115

44. 烧伤、中毒窒息的救护方法 /118

45. 口对口人工呼吸 /120

46. 绷带包扎法与止血法 /121

第1章 工伤保险和工伤预防

1. 工伤保险的定义与特点

（1）工伤保险的定义

工伤保险是指国家立法实施的，通过用人单位缴费筹资形成基金，对职工因工作原因遭受事故伤害或者患职业病的，给予职工及其近亲属相应待遇的一项社会保险制度。

（2）工伤保险的特点

工伤保险具有四个基本特点：一是强制性。工伤保险是国家通过立法强制执行的，在立法规定的范围内，用人单位必须参加工伤保险，为职工缴纳工伤保险费。二是非营利性。工伤保险既是国家对职工履行的社会责任，也是职工应该享有的基本权利，国家实行工伤保险制度的目的是保障职工安全健康，因此国家提供的所有的工伤保险

1

有关的服务,均不以营利为目的。三是保障性。为工伤职工及其近亲属提供基本生活保障和医疗康复待遇。四是互助互济性。通过法定程序筹集工伤保险基金,实现不同群体、地域和行业间的风险共担和基本调剂。

法律提示

  《工伤保险条例》于2003年4月27日经中华人民共和国国务院令第375号颁布,自2004年1月1日起施行。2010年12月20日,中华人民共和国国务院令第586号发布《国务院关于修改〈工伤保险条例〉的决定》,修订后的条例自2011年1月1日起正式施行。

  现行《工伤保险条例》共8章67条,基本结构为:第一章总则,第二章工伤保险基金,第三章工伤认定,第四章劳动能力鉴定,第五章工伤保险待遇,第六章监督管理,第七章法律责任,第八章附则。

2. 工伤保险的重要意义与原则

（1）工伤保险的重要意义

《工伤保险条例》的立法宗旨是：保障因工作遭受事故伤害或者患职业病的职工获得医疗救治和经济补偿，促进工伤预防和职业康复，分散用人单位的工伤风险。这体现了国家设立工伤保险制度的重要意义。

（2）工伤保险的原则

1）强制性原则。由于工伤会给职工带来痛苦，给家庭带来不幸，也于用人单位乃至国家不利，因此国家通过立法，强制实施工伤保险制度，规定覆盖范围内的用人单位必须依法参加并履行缴费义务。

2）无过错补偿原则。工伤事故发生后，不管过错在谁，工伤职工均可获得补偿，以保障其及时获得医疗救治和基本生活保障。但这并不妨碍有关部门对事故责任人的追究，以防止类似事故的重复发生。

3）职工个人不缴费原则。这是工伤保险与养老、医疗、失业等其他社会保险项目的区别之处。由于职业伤害是在工作过程中造成的，劳动力是生产的重要要素，职工为用人单位创造财富的同时付出了代价，所以理应由用人单位负担全部工伤保险费，职工个人不缴纳任何费用。

4）风险分担、互助互济原则。通过法律强制征收工伤保险费，建立工伤保险基金，采取互助互济的方法，分散风险，缓解部分企业、行业因工伤事故或职业病所产生的负担。

5）实行行业差别费率和浮动费率原则。为强化不同工伤风险类别行业相对应的雇主责任，充分发挥缴费费率的经济杠杆作用，促进工伤预防，减少工伤事故，工伤保险实行行业差别费率，并根据用人单位工伤保险支缴率和工伤事故发生率等因素实行浮动费率。

6）补偿与预防、康复相结合原则。工伤补偿、工伤预防与工伤康复三者是密切相连的，构成了工伤保险制度的三个支柱。工伤预防是工伤保险制度的重要内容，工伤保险制度致力于采取各种措施，以减少和预防事故的发生。工伤事故发生后，及时对工伤职工予以医治并给予经济补偿，使工伤职工本人或家庭生活得到一定的保障，是工伤保险制度的基本功能。同时，要及时对工伤职工进行医学康复和职业康复，使其尽可能恢复或部分恢复劳动能力，具备从事某种职业的能力，能够自食其力，这可以减少人力资源和社会资源的浪费。

7）一次性补偿与长期补偿相结合原则。对工伤职工或工亡职工的近亲属，工伤保险待遇实行一次性补偿与长期补偿相结合的办法。如对高伤残等级的职工或工亡职工的近亲属，在依法支付一次性补偿的同时，还按月支付长期待遇。这种一次性补偿与长期补偿相结合的办法，可以长期、有效地保障工伤职工及工亡职工近亲属的基本生活。

 相关链接

《工伤保险条例》第二条规定，中华人民共和国境内的企业、事业单位、社会团体、民办非企业单位、基金会、律师事务所、会计师事务所等组织和有雇工的个体工商户（以下称用人单位）应当依照《工伤保险条例》规定参加工伤保险，为本单位全部职工或者雇工（以下称职工）缴纳工伤保险费。中华人民共和国境内的企业、事业单位、社会团体、民办非企业单位、基金会、律师事务所、会计师事务所等组织的职工和个体工商户的雇工，均有依照《工伤保险条例》的规定享受工伤保险待遇的权利。

3. 我国工伤保险制度发展历程

（1）计划经济时期工伤补偿制度的建立和实施

1951年，中央人民政府政务院颁布了《中华人民共和国劳动保险条例》，这是我国第一部包括养老、工伤、工亡职工遗属等保险项目在内的全国性统一法规，也是社会保障制度在我国开始实施的起点。该条例对劳动保险的实施范围，保险费的征集、管理和支付，保险的项目和标准以及保险业务的执行和监督都作出了明确规定。

劳动保险制度中的工伤补偿制度，结束了我国缺乏完整统一的工伤保障制度的历史，通过实行部分基金统筹的方式，为计划经济时期大规模的建设提供了工伤补偿制度，保障了这一时期工伤职工及其家属的基本生活,具有分散工伤风险、促进经济建设的积极意义。

(2)改革开放时期工伤保险制度的改革探索和实践

我国工伤保险制度改革始于20世纪80年代中期。1988年,劳动部主持制定了社会保险制度改革方案,选择了社会保险作为我国工伤保险的制度模式,初步形成了工伤保险制度改革框架,提出了工伤保险制度改革的主要内容。

在总结多年工伤保险改革试点经验和借鉴国外成熟做法的基础上,1996年8月12日,劳动部颁布了《企业职工工伤保险试行办法》,对工伤保险制度作了统一规定,对沿用至20世纪90年代初的企业自我保险的工伤制度进行了根本性改革。同时,国家技术监督局也在1996年3月颁布了《职工工伤与职业病致残程度鉴定》(GB/T 16180—1996)。

(3)适应市场经济体制的工伤保险制度的形成

2003年,国务院颁布《工伤保险条例》,标志着适应我国社会主义市场经济体制的工伤保险制度正式形成。

《工伤保险条例》的颁布，在我国工伤保险制度建设进程中具有里程碑意义，标志着我国的工伤保险制度步入了法治化轨道，也预示着我国的工伤保险制度改革进入一个崭新的发展阶段，意味着适应我国社会主义市场经济的新型工伤保险制度已初步构建完成。同时，《工伤保险条例》的出台，使工伤保险成为我国社会保障体系的重要组成部分，对于进一步完善我国的社会保障体系，维护我国经济和社会的健康稳定发展，以及加快推进我国社会保障法治化建设，无疑起到了重要的推动作用。

4. 工伤保险基金与参保缴费

（1）工伤保险基金

稳定充足的工伤保险基金是工伤保险制度顺利实施的保障。《社会保险术语 第5部分：工伤保险》（GB/T 31596.5—2015）中将工伤保险基金定义为：按照法律规定，由用人单位缴纳的工伤保险费及其利息收入，以及其他依法纳入的资金汇集而成的，用于支付工伤保险待遇及其他相关支出的专项资金。

（2）工伤保险参保缴费

随着经济、社会的发展，世界各国已达成共识，认为职工在为用人单位创造财富、为社会作出贡献的同时，还冒着付出健康和生命的代价。因此，由用人单位缴纳工伤保险费是完全必要和合理的。

《工伤保险条例》第十条规定，用人单位应当按时缴纳工伤保险费。职工个人不缴纳工伤保险费。用人单位缴纳工伤保险费的数额为本单位职工工资总额乘以单位缴费费率之积。对难以按照工资总额缴纳工伤保险费的行业，其缴纳工伤保险费的具体方式，由国务院社会保险行政部门规定。

 相关链接

世界各国实行的工伤保险制度大体分为两种类型：一种是社会保险类型；另一种是雇主责任类型。

实行社会保险类型的国家约占实行工伤保险制度国家的2/3。工伤保险基金可以是一般社会保险基金的组成部分，也可以是单独的。在这些国家中，凡参加工伤保险的雇主，都必须向社会保险机构缴纳工伤保险费。

实行雇主责任类型的是少数国家，体现为雇主责任制。雇主责任制有两种方式：一是工伤职工或其亲属直接向雇主要求索赔；二是雇主为其雇员的工伤风险购买商业保险。雇主责任制下，完全由雇主承担缴费甚至赔偿责任，职工个人不缴费。

5. 工伤认定

（1）各类工伤认定的情形

《工伤保险条例》第十四至十六条分别对应当认定为工伤的情形、视同工伤的情形、不得认定为工伤的情形作出了明确规定。

1）职工有下列情形之一的，应当认定为工伤：

①在工作时间和工作场所内，因工作原因受到事故伤害的。

②工作时间前后在工作场所内，从事与工作有关的预备性或者收尾性工作受到事故伤害的。

③在工作时间和工作场所内，因履行工作职责受到暴力等意外伤害的。

④患职业病的。

⑤因工外出期间，由于工作原因受到伤害或者发生事故下落不明的。

⑥在上下班途中，受到非本人主要责任的交通事故或者城市轨道交通、客运轮渡、火车事故伤害的。

⑦法律、行政法规规定应当认定为工伤的其他情形。

2）职工有下列情形之一的，视同工伤：

①在工作时间和工作岗位，突发疾病死亡或者在48小时之内经抢救无效死亡的。

②在抢险救灾等维护国家利益、公共利益活动中受到伤害的。

③职工原在军队服役，因战、因公负伤致残，已取得革命伤残军人证，到用人单位后旧伤复发的。

职工有前款第①项、第②项情形的，按照《工伤保险条例》有关规定享受工伤保险待遇；职工有前款第③项情形的，按照《工伤保险条例》的有关规定享受除一次性伤残补助金以外的工伤保险待遇。

3）职工符合前述规定，但是有下列情形之一的，不得认定为工伤或者视同工伤：

①故意犯罪的。

②醉酒或者吸毒的。

③自残或者自杀的。

（2）工伤认定的主要流程

申请工伤认定的流程可以总结为发生工伤、提出工伤认定申请、备齐申请材料、社会保险行政部门受理、作出工伤认定五个环节，具体如下。

1）发生工伤。职工发生工伤事故，或被诊断、鉴定为职业病。

2）提出工伤认定申请。职工所在单位应当自职工事故伤害发生之日或者职工被诊断、鉴定为职业病之日起30日内，向统筹地区社会保险行政部门提出工伤认定申请。

用人单位未按规定提出工伤认定申请的，工伤职工或者其近亲属、工会组织在事故伤害发生之日或者被诊断、鉴定为职业病之日起1年内，可以直接向用人单位所在地统筹地区社会保险行政部门提出工伤认定申请。

3）备齐申请材料。提出工伤认定申请应当提交下列材料：

①工伤认定申请表。

②与用人单位存在劳动关系（包括事实劳动关系）的证明材料。

③医疗诊断证明或者职业病诊断证明书（或者职业病诊断鉴定书）。

工伤认定申请表应当包括事故发生的时间、地点、原因以及职工伤害程度等基本情况。

4）社会保险行政部门受理。申请材料完整，属于社会保险行政部门管辖范围且在受理时效内的，应当受理。申请材料不完整的，社会保险行政部门应当一次性书面告知工伤认定申请人需要补正的全部材料。

5）作出工伤认定。社会保险行政部门应当自受理工伤认定申请之日起60日内作出工伤认定的决定，并书面通知申请工伤认定的职工或者其近亲属和该职工所在单位。

案例解读

　　田某在某市铸造厂从事铸造工作。某日，车间主任派他到该厂另外一车间拿工具。在返回工作岗位途中，田某被该厂建筑工地坠落的砖块砸伤头部，当即被送往医院救治，后被诊断为脑裂伤。出院后，田某向单位申请工伤保险待遇，但是单位认为他不是在本职岗位受伤，因此不能享受工伤保险待遇。田某遂向当地社会保险行政部门投诉，要求认定其为工伤。

　　当地社会保险行政部门经调查后认为：虽然田某的致伤地点不是本职岗位，但他是受领导（车间主任）指派离开本职岗位到另一车间拿工具的，故其受伤地点应属于工作场所。这一事故具有一般工伤事故应具备的"三工"要素，即在工作时间、工作地点、因工作原因而受伤。因此，当地社会保险行政部门认定田某为工伤，并依法要求单位按规定给予田某相应的工伤保险待遇。

6. 工伤职工劳动能力鉴定

（1）工伤职工劳动能力鉴定申请条件

劳动能力鉴定申请在法律与制度的严格规范下，有着明确且严谨的条件要求，旨在确保整个鉴定过程的科学性、公正性以及权威性，让每一位工伤职工、因病或非因工致残人员都能获得与其身体损伤状况和劳动能力丧失程度相匹配的合理保障。劳动能力鉴定可分为对工伤职工劳动功能障碍程度和生活自理障碍程度进行的技术性等级鉴定（即工伤职工劳动能力鉴定），以及对因病或非因工致残申请领取病残津贴人员丧失劳动能力程度进行的技术性鉴定（即因病或非因工致残人员丧失劳动能力鉴定）。以下仅针对工伤职工劳动能力鉴定进行阐述。

具体来说，工伤职工进行劳动能力鉴定应符合以下条件：一是经过治疗后，伤情处于相对稳定状态，这样便于劳动能力鉴定机构聘请的医疗专家对伤情进行鉴定；二是职工经治疗后，确认是因工伤原因造成身体上的残疾；三是工伤职工的残疾对以后的工作、生活将产生直接影响，并且伤残程度已经影响职工本人的劳动能力。在这种情况下，工伤职工应当进行劳动能力鉴定。

（2）工伤职工劳动能力鉴定主体

工伤职工或者其用人单位应当及时向设区的市级劳动能力鉴定委员会提出劳动能力鉴定申请。

（3）工伤职工劳动能力鉴定流程

申请劳动能力鉴定的主要流程可以总结为以下五个环节。

1）职工伤情基本稳定，进行劳动能力鉴定。职工发生工伤，经治疗伤情相对稳定后存在残疾、影响劳动能力的，或者停工留薪期满（含劳动能力鉴定委员会确认的延长期限）的，应依法进行劳动能力鉴定。劳动功能障碍分为十个伤残等级，最重的为一级，最轻的为十级。生活自理障碍分为三个等级，即生活完全不能自理、生活大部分不能自理和生活部分不能自理。

2）备齐材料，提出申请。申请劳动能力鉴定应当填写劳动能力鉴定申请表，并提交材料：有效的诊断证明，按照医疗机构病历管理有关规定复印或者复制的检查、检验报告等完整病历材料；工伤职工的居民身份证或者社会保障卡等其他有效身份证明原件。通过信息共享能够获取的申请材料，不得要求重复提交。

3）接受申请，作出鉴定结论。劳动能力鉴定委员会应当自收到材料完整的劳动能力鉴定申请之日起60日内作出劳动能力鉴定结论。伤病情复杂、涉及医疗卫生专业较多的，该期限可以延长30日。劳动能力鉴定结论应当及时送达工伤职工或其用人单位。

4）对鉴定结论不服的，可申请再次鉴定。工伤职工或其用人单位对初次鉴定结论不服的，可以在收到鉴定结论之日起15日内，向省、自治区、直辖市劳动能力鉴定委员会申请再次鉴定。省、自治区、直辖市劳动能力鉴定委员会作出的劳动能力鉴定结论为最终结论。

5）若伤残情况发生变化，可申请工伤职工复查鉴定。自工伤职工劳动能力鉴定结论作出之日起1年后，工伤职工、用人单位或者社会保险经办机构认为伤残情况发生变化的，可以向设区的市级劳动能力鉴定委员会申请劳动能力复查鉴定。对复查鉴定结论不服的，可以按照上述规定申请再次鉴定。

7. 工伤保险待遇

（1）工伤保险待遇享受条件

《中华人民共和国社会保险法》第三十六条规定，职工因工作原因受到事故伤害或者患职业病，且经工伤认定的，享受工伤保险待遇；其中，经劳动能力鉴定丧失劳动能力的，享受伤残待遇。

（2）工伤保险待遇主要类型

《工伤保险条例》中规定的工伤保险待遇主要有以下四种类型。

1）工伤医疗及康复待遇。包括工伤医疗及相关补助待遇、工伤康复待遇、辅助器具的安装配置待遇等。

2）停工留薪期待遇。职工因工作遭受事故伤害或者患职业病需要暂停工作接受工伤医疗的，在停工留薪期内，原工资福利待遇不

变，由所在单位按月支付。停工留薪期一般不超过 12 个月。伤情严重或者情况特殊，经设区的市级劳动能力鉴定委员会确认，可以适当延长，但延长不得超过 12 个月。生活不能自理的工伤职工在停工留薪期需要护理的，由所在单位负责。

3）伤残待遇。根据工伤发生后劳动能力鉴定确定的劳动功能障碍程度和生活自理障碍程度的等级不同，工伤职工可享受相应的一次性伤残补助金、伤残津贴、一次性工伤医疗补助金、一次性伤残就业补助金及生活护理费等。

4）工亡待遇。职工因工死亡，其近亲属按照规定从工伤保险基金领取丧葬补助金、供养亲属抚恤金和一次性工亡补助金。

（3）停止享受工伤保险待遇的情形

1）丧失享受待遇条件的。如果工伤职工在享受工伤保险待遇期间情况发生了变化，不再具备享受工伤保险待遇的条件，如劳动能力得以完全恢复而无须工伤保险制度提供保障时，应当停发工伤保险待遇。

2）拒不接受劳动能力鉴定的。如果工伤职工没有正当理由拒不接受劳动能力鉴定，一方面工伤保险待遇无法确定，另一方面也表明工伤职工并不愿意接受工伤保险制度提供的帮助，故不应再享受工伤保险待遇。

3）拒绝治疗的。职工遭受事故伤害或患职业病后，有享受工伤医疗待遇的权利，也有积极配合医疗救治的义务。如果无正当理由拒绝治疗，一味消极地依靠社会救助，有悖于这一义务，则不得再继续享受工伤保险待遇。

8. 工伤预防的概念与作用

（1）工伤预防的概念

工伤预防是指避免与降低工伤风险所采取的宣传和培训等手段和措施。其中，工伤风险是指在工作过程中工伤发生概率和造成危害的程度。

工伤预防的目的是从源头上减少和避免工伤事故和职业病的发生，实现最大限度地减少工伤的最终目标。因此，在工伤保险工作中，应将工伤预防放在首位。

（2）工伤预防的地位和作用

工伤预防是建立健全工伤预防、工伤补偿和工伤康复"三位一体"工伤保险制度的重要内容。《工伤保险条例》把工伤预防定为工伤保险三大任务之一，从而逐步改变了过去重补偿、轻预防的模式。生命安全和身体健康是职工的最大利益，用人单位和职工要共同做好工伤预防工作，坚持"安全第一、预防为主、综合治理"的安全生产工作方针。

工伤预防的作用主要表现在以下两方面。

1）工伤预防可以从源头上降低工伤事故和职业病的发生概率，保障职工的安全健康。预防的要义在于"事先防范"，防未发生的事故，防"未病之病"，防患于未然。企业要进行生产活动，就存在发生伤亡事故和职业病的可能。有关研究表明，现有的工伤事故80%以上是可以通过安全生产管理与技术等手段避免的，说明了工伤预防工作的迫切性和重要性。

2）工伤预防工作从根本上有利于企业发展，促进社会和谐稳定。随着工伤保险制度的不断完善，工伤预防工作得到逐步加强。一方面，通过工伤预防，可以提升企业安全生产管理水平，消除事故隐患，从而减少和避免事故的发生。这既能有效保护职工的生命安全与身体健康，也能降低事故给企业带来的经济损失，确保企业生产经营活动的顺利进行，进而推动企业的良性发展，为经济社会的进步贡献力量。另一方面，工伤事故的减少，将大幅度降低由此引发的劳资争议，有利于建立和谐的劳动关系，进而促进社会和谐稳定。

> **Tips 相关链接**
>
> 在我国，工伤预防与安全生产关系密切，存在互相促进的辩证关系。工伤预防在促进安全生产、保护职工的安全健康方面有着十分重要的意义和作用；反过来，安全生产对工伤预防也有十分重要的促进作用。

9. 职工工伤保险和工伤预防的权利和义务

（1）职工工伤保险和工伤预防的权利

职工工伤保险和工伤预防的权利主要体现在以下方面。

1）有权获得劳动安全卫生教育和培训，了解所从事的工作可能对身体健康造成的危害和可能发生的安全事故。

2）有权获得保障自身安全、健康的劳动条件和劳动防护用品。

3）有权对用人单位管理人员违章指挥、强令冒险作业予以拒绝。

4）有权对危害生命安全和身体健康的行为提出批评、检举和控告。

5）从事职业危害作业的，有权获得定期健康检查。

6）发生工伤时，有权得到抢救治疗。

7）发生工伤后，有权申请工伤认定和享受工伤保险待遇。

8）有权申请劳动能力鉴定和再次鉴定，认为伤残情况发生变化的，有权申请工伤职工复查鉴定。

9）因工致残尚有工作能力的，有权在就业方面得到特殊保护，得到职业康复培训和再就业帮助。依照法律规定，用人单位对因工致残的职工不得解除劳动合同，并应根据不同情况安排适当工作。

10）与用人单位发生工伤保险待遇方面争议的，有权按照处理劳动争议的有关规定处理；对工伤认定结论不服或对经办机构核定的工伤保险待遇持有异议的，可以依法申请行政复议，也可以依法向人民法院提起行政诉讼。

（2）职工工伤保险和工伤预防的义务

权利与义务是对等的，有相应的权利，就有相应的义务。职工工伤保险和工伤预防的义务主要体现在以下方面。

1）有义务遵守劳动纪律和用人单位的规章制度，做好本职工作和被临时指派的工作，服从本单位负责人的工作安排和指挥。

2）在劳动过程中必须严格遵守安全操作规程、正确使用劳动防护用品，依法接受劳动安全卫生教育和培训，配合用人单位积极预防工伤事故和职业病的发生。

3）申请工伤认定、劳动能力鉴定时，有义务如实反映发生的工伤事故和职业病的有关情况及工资收入、家庭等有关情况；当有关部门调查取证时，应当给予配合。

4）除紧急情况外，工伤职工应当到签订工伤保险服务协议的医疗机构进行治疗，对于治疗、劳动能力鉴定、康复要接受有关机构的安排，并给予配合。

10. 工伤预防管理模式

目前，世界上工伤预防管理模式主要可以分为三类：第一类为独立型，即工伤保险机构自身单独管理和核算，从而使工伤预防体制相对独立。这种体制以意大利和德国为代表,在世界上为数不少。第二类为混合型,即由几个部门联合管理工伤预防,如英国和大多中欧、东欧国家,一般有两个相互独立的政府部门,一个主管职业安全,另一个主管职业卫生。第三类为附属型,即工伤预防职能归属于国家的某个部门,该部门主要负责劳动和卫生的管理,如日本、芬兰、荷兰和挪威等国。

目前我国的工伤预防管理模式主要有以下三个方面。

(1) 扩大工伤保险覆盖面

工伤保险作为一种"保险",大数法则是其一个十分重要的原则,即参加保险者必须有较大的人群才能共同应对风险,才能较好开展工伤预防等工作。

(2) 费率机制预防措施

费率机制预防措施是指在筹集工伤保险基金的过程中,采取工伤保险行业差别费率和浮动费率机制,根据用人单位的工伤风险和工伤事故发生情况,调整用人单位的缴费率,即对安全生产状况差、使用工伤保险基金多的用人单位提高缴费比例,对安全生产状况好、使用工伤保险基金少的用人单位降低缴费比例。这实质上是对两种不同情况的用人单位的奖惩措施,可以引导用人单位重视工伤预防,利用经济杠杆作用激励和督促用人单位加强安全生产管理和工伤预防工作。

(3) 其他综合性预防措施

其他综合性预防措施主要指从工伤保险基金中提取一定比例的工伤预防费,做好工伤预防宣传与培训工作,提高用人单位和职工的工伤预防意识和能力,减少工伤事故和职业病的发生。

第2章 消防安全基础知识

11. 消防有关法律和政策文件

我国消防有关法律和政策文件包括《中华人民共和国消防法》《消防安全责任制实施办法》《高层民用建筑消防安全管理规定》《消防产品监督管理规定》等，这些法律和政策文件明确了各级政府、单位和个人的消防安全职责，涵盖了消防规划、建设工程消防设计和验收、消防安全检查、消防产品标准等方面的要求。

（1）《中华人民共和国消防法》

《中华人民共和国消防法》是为了预防火灾和减少火灾危害，加强应急救援工作，保护人身、财产安全，维护公共安全而制定的。

《中华人民共和国消防法》第十六条规定，机关、团体、企业、事业等单位应当履行下列消防安全职责：

1）落实消防安全责任制，制定本单位的消防安全制度、消防安全操作规程，制定灭火和应急疏散预案；

2）按照国家标准、行业标准配置消防设施、器材，设置消防安全标志，并定期组织检验、维修，确保完好有效；

3）对建筑消防设施每年至少进行一次全面检测，确保完好有效，检测记录应当完整准确，存档备查；

4）保障疏散通道、安全出口、消防车通道畅通，保证防火防烟分区、防火间距符合消防技术标准；

5）组织防火检查，及时消除火灾隐患；

6）组织进行有针对性的消防演练；

7）法律、法规规定的其他消防安全职责。

单位的主要负责人是本单位的消防安全责任人。

《中华人民共和国消防法》第二十八条规定，任何单位、个人不得损坏、挪用或者擅自拆除、停用消防设施、器材，不得埋压、圈占、遮挡消火栓或者占用防火间距，不得占用、堵塞、封闭疏散通道、安全出口、消防车通道。人员密集场所的门窗不得设置影响逃生和灭火救援的障碍物。

《中华人民共和国消防法》从火灾预防、消防组织、灭火救援、监督检查等多个方面详细地作出了规定，以期强化预防手段，减少火灾危害。

（2）相关法律和政策文件

除了《中华人民共和国消防法》，还有许多其他法律涉及消防安全，如《中华人民共和国安全生产法》《中华人民共和国突发事件应对法》《中华人民共和国森林法》《中华人民共和国草原法》《中华人

第 2 章 消防安全基础知识

民共和国旅游法》等。这些法律共同构成了我国消防安全法律体系。

此外，公安部、应急管理部等与消防安全有关的部门也制定了一系列政策文件，如《机关、团体、企业、事业单位消防安全管理规定》《消防监督检查规定》《社会消防技术服务管理规定》等。各省市也根据《中华人民共和国消防法》制定了相应的实施细则和地方性法规。

（3）其他相关政策文件

2022 年，国务院安全生产委员会印发的《"十四五"国家消防工作规划》明确提出，到 2025 年，消防安全风险防控体系和中国特色消防救援力量体系基本建立，消防治理体系和治理能力现代化取得重大进展，城乡消防安全基础更加稳固，消防工作法治化、社会化水平明显提升，正规化、专业化、职业化的消防救援队伍建设管理体制基本健全，全社会防范火灾事故的能力显著增强，亡人火灾事故明显减少、重特大火灾事故有效遏制，应对处置各类灾害事故的能力大幅提升。到2035年，建立与基本实现现代化相适应的中国特色消防治理体系，消防安全形势根本好转，覆盖城乡的中国特色消防救援力量体系全面构建，防范化解重大安全风险、应对处置"巨灾大难"能力达到新的更高水平，中国消防救援成为彰显中国特色社会主义制度优越性的重要标志。

12. 火灾爆炸的类型及特点

火灾是指在时间和空间上失去控制的燃烧所造成的灾害，一般情况下可以认为火灾是一种意外的、不可控的物质燃烧过程。爆炸在广义上可以认为是物质在瞬间以机械功的形式释放出大量气体和能量的现象。由于物质状态的急剧变化，爆炸发生时会使压力猛烈增大并发出巨大的声响。

（1）火灾的类型

1）按照国家标准《火灾分类》（GB/T 4968—2008），根据可燃烧的类型和燃烧特性，火灾分为A、B、C、D、E、F六大类。

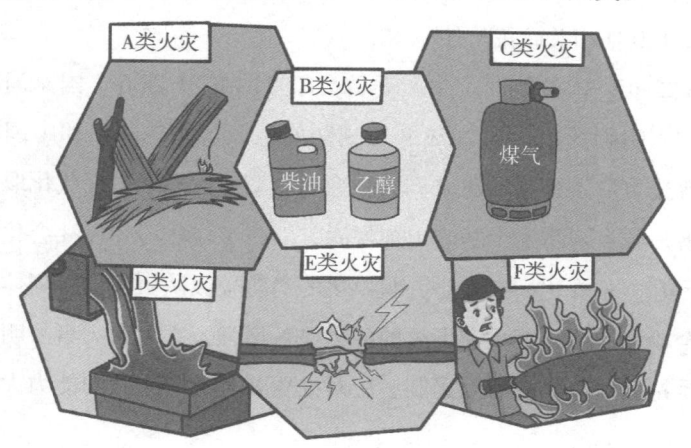

① A 类火灾：指固体物质火灾。这种物质通常具有有机物质性质，一般在燃烧时能产生灼热的余烬。如木材、干草、煤炭、棉、毛、麻、纸张、塑料（燃烧后有灰烬）等燃烧而引起的火灾。

② B 类火灾：指液体或可熔化的固体物质火灾。如煤油、柴油、原油、甲醇、乙醇、沥青、石蜡等燃烧而引起的火灾。

③ C 类火灾：指气体火灾。如煤气、天然气、甲烷、乙烷、丙烷、氢气等可燃气体燃烧而引起的火灾。

④ D 类火灾：指金属火灾。如钾、钠、镁、钛、锆、锂、铝镁合金等可燃金属燃烧而引起的火灾。

⑤ E 类火灾：指带电火灾。物体带电燃烧的火灾。

⑥ F 类火灾：指烹饪器具内的烹饪物（如动植物油脂）火灾。

2）按照损失严重程度，火灾可分为特别重大火灾、重大火灾、较大火灾和一般火灾四个等级，具体见表 2-1。性质为生产安全事故的火灾，按照国家有关法律法规界定的生产安全事故等级标准进行划分。

表 2-1 火灾损失严重程度等级划分

火灾等级	人员伤亡/人		受灾户数/户	直接财产损失/元
	死亡	重伤		
特别重大火灾	≥ 30	≥ 100	≥ 100	≥ 3 亿
重大火灾	10（含）~ 30	50（含）~ 100	50（含）~ 100	1 亿（含）~ 3 亿
较大火灾	3（含）~ 10	10（含）~ 50	10（含）~ 50	3 000 万（含）~ 1 亿
一般火灾	< 3	< 10	< 10	< 3 000 万

3）按照发生场地与燃烧物质，火灾可分为建筑火灾、物资（仓库）火灾、生产工艺火灾、原野火灾（自然火灾）、运输工具火灾、特种火灾等。

①建筑火灾。主要有普通建筑火灾、高层建筑火灾、大空间建筑火灾、商场火灾、地下建筑火灾、古建筑火灾等。

②物资（仓库）火灾。主要有化学危险品库火灾、石油库火灾、可燃气体库火灾等。

③生产工艺火灾。主要有普通工厂火灾、矿山火灾、化工厂火灾、石油化工厂火灾、可燃物爆炸火灾等。

④原野火灾（自然火灾）。主要有森林火灾、草原火灾等。

⑤运输工具火灾。主要有汽车火灾、火车火灾、船舶火灾、航空航天器火灾等。

⑥特种火灾。主要有战争火灾、地震火灾、辐射性区域火灾等。

（2）爆炸的类型

按照产生的原因和性质，可将爆炸分为物理爆炸、化学爆炸和核爆炸。

1）物理爆炸。物理爆炸是由物理变化（温度、体积和压力等因素变化）引起的，在爆炸的前后，爆炸物质的性质及化学成分均不改变。

2）化学爆炸。化学爆炸是由物质的化学变化引起的。能发生化学爆炸的物质，不论是可燃气体与空气的混合物，还是爆炸性物质（如炸药），都是一种相对不稳定的系统，在外界一定强度的能量作用下，能发生剧烈的放热反应，产生高温高压和冲击波，从而造成强烈的破坏。

3）核爆炸。核爆炸是剧烈核反应中能量迅速释放的结果，可能是由核裂变、核聚变或者是二者的多级串联组合所引发的。

（3）火灾爆炸事故的特点

1）严重性。火灾爆炸事故造成的后果往往是比较严重的，容易造成重大伤亡事故。例如，1987年，某亚麻厂发生粉尘爆炸事故，造成58人死亡，177人受伤，13 000 m^2 的建筑物被炸毁，3个车间变成了废墟；1977年，英国发生了一起由雷击引起的火药库爆炸事故，共造成约3 000人死亡。

2）复杂性。发生火灾爆炸事故的原因往往比较复杂。例如，发生燃烧的3个必要条件是点火源、可燃物和助燃物，其中，点火源包括明火、化学反应热、物质的分解自燃、热辐射、高温表面、撞击或摩擦火花、绝热压缩、电气火花、静电放电、雷电和日光照射等；至于可燃物，更是种类繁多，包括各种可燃气体、可燃液体和可燃固体，特别是化工企业的原材料、化学反应的中间产物和化工产品，大多属于可燃物；而最常见的助燃物——氧气，更是无处不在。发生火灾爆炸事故后，房屋倒塌、设备毁坏、人员伤亡等，也会给事故原因的调查分析带来不少困难。

3）突发性。火灾爆炸事故往往是在人们意想不到的时候突然发生的。目前，虽然对火灾爆炸事故的监测、报警等技术手段在不断发展，但其在可靠性、实用性和广泛性等方面仍存在一定的局限性；此外，至今还有相当多的人员（包括作业人员和生产管理人员）对火灾爆炸事故的规律及其征兆了解和掌握得不到位，使火灾爆炸事故不能被提前发现。例如，某化工厂车间的煤气管道因年久失修而漏气，作业人员竟然用火柴照明去查找漏气的部位，结果引起爆炸，炸毁26间房屋和许多精密仪器，并造成11人伤亡，损失惨重。

13. 火灾的危害因素

（1）缺氧

空气中的氧含量一般为21%左右（体积分数，下同），而人体正常呼吸所需的氧含量一般为19.5%~23.5%。在火场上，由于可燃物消耗掉了大量氧气，会使氧含量快速下降。当氧气在空气中的含量由21%的正常水平下降至15%时，人体的肌肉协调会受到影响；下降至14%~10%时，人虽然有知觉，但判断力会明显减退，并很快感到疲劳；下降至10%~6%时，人的大脑会失去意识，呼吸及心力衰竭，数分钟内可致死亡。

(2)高温

火场内的气体温度在短时间内即可达到数百摄氏度。只要吸入的气体温度超过 70 ℃，就会使气管、支气管内黏膜充血水肿，导致组织坏死，并引起肺水肿而窒息死亡。

(3)烟尘

火场内的热烟尘由燃烧中析出的炭微粒、焦油状液滴，以及房屋倒塌时扬起的灰尘等组成。这种烟尘随热空气一起流动，被人体吸入后，能堵塞、刺激呼吸道黏膜，甚至威胁生命。

(4)毒气

火灾现场对绝大多数受灾者来说，首先遇到的"敌人"是烟尘和毒气，而不是令人难以忍受的高温和熊熊烈火。有学者对因建筑火灾死亡的 1 464 人的死因进行了分析，结果表明其中 1 026 人死于窒息和中毒，占比为 70.1%。

14. 常见的灭火方式

（1）冷却灭火法

冷却灭火法是指将灭火剂直接喷洒在可燃物上，使可燃物的温度降低到其燃点以下，从而使燃烧停止。此外，还可用水冷却尚未燃烧的可燃物，防止其达到燃点而燃烧。用水扑救火灾的主要原理就是冷却灭火，一般物质起火，都可以采用冷却灭火法。

（2）窒息灭火法

一般火灾中，可燃物在没有空气或空气中的含氧量低于可燃物燃烧所需最低含氧量的条件下是不能燃烧的。窒息灭火法就是隔断燃烧物质的空气供给，采取适当的措施，阻止空气进入燃烧区，或用惰性气体稀释空气中的氧气，使燃烧物质缺乏氧气而熄灭。这种方法适用于扑救封闭的空间、生产设备及容器内的火灾。

采用窒息灭火法扑救火灾时，可使用湿麻袋、湿棉被、沙土等不燃或难燃材料覆盖燃烧物质或封闭孔洞，再将水蒸气、惰性气体充入燃烧区域，也可利用建筑物上原有的门、窗以及生产设备上的部件来封闭燃烧区，以阻止空气进入。

（3）隔离灭火法

可燃物是燃烧的必要条件之一，如果把可燃物与点火源或空气隔离开，那么燃烧反应就会自动中止。

采用隔离灭火法的具体措施有很多。例如，用泡沫灭火剂产生的泡沫覆盖燃烧的液体或固体的表面，把可燃物与火焰、空气隔开；将火源附近的易燃易爆物质转移到安全地点，防止火势蔓延；关闭设备或管道上的阀门，阻止可燃气体或液体流入燃烧区；拆除与火源相邻的易燃建筑结构，形成阻止火势蔓延的空间地带等。

（4）抑制灭火法

将化学灭火剂喷入燃烧区参与燃烧反应，使游离基的链式反应中止，从而使燃烧反应停止或不能持续下去。采用抑制灭火法可使用的灭火剂有干粉和卤代烷灭火剂等。灭火时，应将足量的灭火剂准确地喷射到燃烧区内，使灭火剂阻断燃烧反应，同时还应采取冷却降温措施，以防复燃。

15. 消防培训与演练

（1）法律依据

《中华人民共和国消防法》第十六条规定，机关、团体、企业、事业等单位应当组织进行有针对性的消防演练。这一条款明确指出了消防演练是单位应当履行的消防安全职责之一，强调了消防演练的必要性和重要性。

（2）理论培训

1）树立正确的消防管理观念。用有效的培训理念和方式树立正确的消防管理观念，增强消防管理人员的责任意识，激发其工作的主动性和能动性，提高其专业理论知识、现场管理技能、业务管理素养和应急处置能力；进而提高单位抵御火灾事故的应变能力，增强整体火灾防控能力。

2）普及消防安全基础知识。以问题为导向，以消防安全"四个能力"（检查消除火灾隐患能力、扑救初期火灾能力、组织人员疏散逃生能力、消防宣传教育培训能力）为基础，普及基本的火灾形成原理及灭火方式、火灾预防措施、报警及逃生自救等知识。

3）针对性培训。针对单位管理层的培训以消防安全知识及法律责任为主；针对消防安全管理人员的培训以消防知识、管理技能及标准为主；针对作业人员的培训以操作技能和应急处置能力为主。培训应结合单位实际情况，设置消防安全知识、现场管理、设施设备实际操作应用和消防应急演练等方面的课程。

（3）应急演练

1）通过开展应急演练，查找应急工作中存在的问题，如应急队伍、物资、装备、技术等方面的准备情况，发现不足及时予以调整补充，进而完善应急工作，提高应急工作的针对性。

2）科学设计应急演练方案，对引发事故的各风险源开展细致全面的风险源辨识，即对引发各类事故的原因进行全面分析和了解；要对所有的风险源进行描述，对各类事故原因进行评估，找出最有可能引发事故的原因，从而有针对性地设计科学的应急演练方案。

3）演练内容应覆盖初期火灾的扑救与控制、火场的协调指挥、物资转移、火场人员疏散引导与伤员救护等，重点对火灾的应急处理与相关消防设备的使用进行培训，确保所有风险相关人员参与到应急演练工作中，真正提高人员应急意识，达到应急演练的目的。

4）演练后应进行总结评估，及时根据反馈情况调整和完善应急预案。

 相关链接

拨打"119"火警电话时，报警人要把握三个环节：

（1）要讲清起火单位及其所在位置（街、路、门牌号）。

（2）要讲清起火部位、着火物资和火势大小，是否有人被围困。

（3）要讲清报警人的姓名、所用电话的号码，以便消防救援人员随时询问现场有关情况。

报警时，要注意听接警人员的询问，正确、简洁地予以回答；待对方明确说明可以挂断电话时，方可挂断电话。随后到主要路口迎接消防车辆（人员）并带路。

第3章 火灾爆炸事故预防

16. 常见的火灾爆炸事故原因

（1）人的原因

大量火灾爆炸事故的调查和分析结果表明，很多事故是由于操作人员缺乏有关的科学知识，在火灾爆炸险情面前思想麻痹、存在侥幸心理或是不负责任、违章作业等引起的。

（2）设备的原因

如设计错误，不符合防火防爆的要求，选材不当或设备上缺乏必要的安全防护装置，密闭不良，制造工艺存在缺陷等。

（3）物料的原因

如可燃物质的自燃，各种危险物品的相互作用，在运输、装卸时受剧烈震动撞击等。

（4）环境的原因

如潮湿、高温、通风不良、雷击等。

（5）管理的原因

规章制度不健全，没有合理的安全操作规程，没有设备的检修计划或制度；生产用窑、炉、干燥器以及通风、采暖、照明设备等失修；生产管理人员不重视安全，不重视安全宣传教育和培训。

17. 建筑施工消防制度规定

（1）建立并落实防火责任制

建筑工地施工人员多，往往多个单位在一个工地施工，管理难度大。因此，必须认真贯彻"谁主管、谁负责"的原则，明确安全责任，逐级签订安全责任书，确保安全。

（2）按标准配备消防器材

易燃易爆危险品存放及使用场所、动火作业场所、可燃材料加工及使用场所必须配备消防用水和消防器材,并经常检查、维护、保养,保证消防器材灵敏有效。定期组织施工现场的义务消防队员进行教育和培训。

(3)加强施工现场道路管理

合理规划施工现场,留出足够的防火间距。施工现场必须设置临时消防车道,临时消防车道的净宽度和净空高度均不应小于4 m。保证消防通道24 h畅通,禁止在临时消防车道上堆物、堆料或挤占临时消防车道。

(4)加强对明火的管理

确保可燃物、易燃物堆场和仓库的防火间距符合要求,防止飞火,及时熄灭残余火种;加强电焊、气焊操作管理;切实加强临时用电和生活用电安全管理。

(5)加强教育和培训

在建筑施工现场消防管理中,要对重点岗位的作业人员,特别是

火灾危险性较大岗位的作业人员，如电工、油漆工、焊工、锅炉工等进行专门的消防知识教育和培训，以保证施工安全。

18. 动火要求

（1）动火作业

动火作业是指在直接或间接产生明火的工艺设施以外的禁火区内从事可能产生火焰、火花或炽热表面的非常规作业，包括使用电焊、气焊（割）、喷灯、电钻、砂轮、喷砂机等进行的作业。

固定动火区外的动火作业分为特级动火、一级动火和二级动火三个级别；遇节假日、公休日、夜间或其他特殊情况，动火作业应升级管理。

1）特级动火作业。在火灾爆炸危险场所处于运行状态下的生产装置设备、管道、储罐、容器等部位上进行的动火作业（包括带压不置换动火作业）；存有易燃易爆介质的重大危险源罐区防火堤内的动火作业。

2）一级动火作业。在火灾爆炸危险场所进行的除特级动火作业以外的动火作业，管廊上的动火作业按一级动火作业管理。

3）二级动火作业。除特级动火作业和一级动火作业以外的动火作业。生产装置或系统全部停车，装置经清洗、置换、分析合格并采取安全隔离措施后，根据其火灾爆炸危险性大小，经危险化学品企业生产经营负责人或安全管理负责人批准，动火作业可按二级动火作业管理。

（2）动火作业的要求

施工现场用火应符合下列规定：

1）动火作业应办理动火许可证，动火许可证的签发人收到动火申请后，应前往现场查验并确认动火作业的防火措施落实后，再签发动火许可证。

2）动火操作人员应具有相应资格。

3）焊接、切割、烘烤或加热等动火作业前，应对作业现场的可燃物进行清理；作业现场及其附近无法移走的可燃物应采用不燃材料对其覆盖或隔离。

4）施工作业安排时，宜将动火作业安排在使用可燃建筑材料的施工作业前进行。确需在使用可燃建筑材料的施工作业之后进行动火作业时，应采取可靠的防火措施。

5）裸露的可燃材料上严禁直接进行动火作业。

6）焊接、切割、烘烤或加热等动火作业应配备灭火器材，并应设置动火监护人进行现场监护，每个动火作业点均应设置1个监护人。

7）五级以上（含五级）风力时，应停止焊接、切割等室外动火作业；确需动火作业时，应采取可靠的挡风措施。

8）动火作业后，应对现场进行检查，并应在确认无火灾危险后，动火操作人员才能离开。

19. 建筑防火设计要求

（1）防火要求

1）生产的火灾危险性。生产的火灾危险性应根据生产中使用或产生的物质性质及其数量等因素划分，可分为甲、乙、丙、丁、戊类，见表3-1。

表3-1 生产的火灾危险性分类

生产的火灾危险性类别	使用或产生下列物质生产的火灾危险性特征
甲	①闪点小于28 ℃的液体； ②爆炸下限小于10%的气体； ③常温下能自行分解或在空气中氧化能导致迅速自燃或爆炸的物质； ④常温下受到水或空气中水蒸气的作用，能产生可燃气体并引起燃烧或爆炸的物质； ⑤遇酸、受热、撞击、摩擦、催化以及遇有机物或硫黄等易燃的无机物，极易引起燃烧或爆炸的强氧化剂； ⑥受撞击、摩擦或与氧化剂、有机物接触时能引起燃烧或爆炸的物质； ⑦在密闭设备内操作温度不小于物质本身自燃点的生产

续表

生产的火灾危险性类别	使用或产生下列物质生产的火灾危险性特征
乙	①闪点不小于 28 ℃，但小于 60 ℃ 的液体； ②爆炸下限不小于 10% 的气体； ③不属于甲类的氧化剂； ④不属于甲类的易燃固体； ⑤助燃气体； ⑥能与空气形成爆炸性混合物的浮游状态的粉尘、纤维、闪点不小于 60 ℃ 的液体雾滴
丙	①闪点不小于 60 ℃ 的液体； ②可燃固体
丁	①对不燃物质进行加工，并在高温或熔化状态下经常产生强辐射热、火花或火焰的生产； ②利用气体、液体、固体作为燃料或将气体、液体进行燃烧作为其他用途的各种生产； ③常温下使用或加工难燃物质的生产
戊	常温下使用或加工不燃物质的生产

2）储存物品的火灾危险性。储存物品的火灾危险性应根据储存物品的性质和储存物品中的可燃物数量等因素划分，可分为甲、乙、丙、丁、戊类，见表 3-2。

表 3-2 储存物品的火灾危险性分类

储存物品的火灾危险性类别	储存物品的火灾危险性特征
甲	①闪点小于 28 ℃ 的液体； ②爆炸下限小于 10% 的气体，受到水或空气中水蒸气的作用能产生爆炸下限小于 10% 气体的固体物品；

续表

储存物品的火灾危险性类别	储存物品的火灾危险性特征
甲	③常温下能自行分解或在空气中氧化能导致迅速自燃或爆炸的物品； ④常温下受到水或空气中水蒸气的作用，能产生可燃气体并引起燃烧或爆炸的物品； ⑤遇酸、受热、撞击、摩擦以及遇有机物或硫黄等易燃的无机物极易引起燃烧或爆炸的强氧化剂； ⑥受撞击、摩擦或与氧化剂、有机物接触时能引起燃烧或爆炸的物品
乙	①闪点不小于28 ℃，但小于60 ℃的液体； ②爆炸下限不小于10%的气体； ③不属于甲类的氧化剂； ④不属于甲类的易燃固体； ⑤助燃气体； ⑥常温下与空气接触能缓慢氧化、积热不散引起自燃的物品
丙	①闪点不小于60 ℃的液体； ②可燃固体
丁	难燃物品
戊	不燃物品

各种工业企业总平面防火要根据建筑自身及相邻单位的火灾危险性，综合考虑地形、周围环境以及风向等进行合理布置。一般应符合以下要求：

①建筑的平面布置应便于建筑发生火灾时的人员疏散和避难，有利于减小火灾危害、控制火势和烟气蔓延。同一建筑内的不同使用功

能区域之间应进行防火分隔。

②同一生产企业内,若有火灾危险性大和火灾危险性小的生产建筑,则宜尽量将火灾危险性相同或相近的建筑集中布置以便分别采取防火防爆措施,便于安全管理。厂房内不应设置宿舍。直接服务于生产的办公室、休息室等辅助用房不应设置在甲类、乙类厂房内。仓库内不应设置员工宿舍及与库房运行、管理无直接关系的其他用房。甲类、乙类仓库内不应设置办公室、休息室等辅助用房,不应与办公室、休息室等辅助用房及其他场所邻近。

③在厂区选址时,既要保障人身和财产安全及人身健康,保障重要使用功能,保障生产经营或重要设施运行的连续性,又要保护公共利益,保护环境、节约资源。

④甲类、乙类、丙类液体储罐区,液化石油气储罐区,可燃、助燃气体储罐区和可燃材料堆场等,应布置在城市(区域)的边缘或相对独立的安全地带,并宜布置在城市(区域)全年最小频率风向的上风侧。甲类、乙类、丙类液体储罐(区)宜布置在地势较低的地带。当布置在地势较高的地带时,应采取安全防护措施。液化石油气储罐(区)宜布置在地势平坦、开阔等不易积存液化石油气的地带。

⑤工业与民用建筑、地铁车站、平时使用的人民防空工程应综合其高度(埋深)、使用功能和火灾危险性等因素,根据有利于消防救援、控制火灾及降低火灾危害的原则划分防火分区。建筑内横向应采用防火墙等划分防火分区,且防火分隔应保证火灾不会蔓延至相邻防火分区;建筑内竖向按自然楼层划分防火分区时,除允许设置敞开楼梯间的建筑外,防火分区的建筑面积应按上下楼层中在火灾时未封闭的开口所连通区域的建筑面积之和计算。

（2）防火间距

防火间距是指建筑物之间为了防止火灾蔓延而设置的安全距离。其主要目的是阻止火势通过热辐射、热对流等方式蔓延到相邻建筑物。

1）防火间距的一般规定如下。

①建筑的总平面布局应符合减小火灾危害、方便消防救援的要求。

②工业与民用建筑应根据建筑使用性质、建筑高度、耐火等级及火灾危险性等合理确定防火间距，建筑之间的防火间距应保证任意一侧建筑外墙受到的相邻建筑火灾辐射热强度均低于其临界引燃辐射热强度。

③甲类、乙类物品运输车的汽车库、修车库、停车场与人员密集场所的防火间距不应小于 50 m，与其他民用建筑的防火间距不应小于 25 m；甲类物品运输车的汽车库、修车库、停车场与明火或散发火花地点的防火间距不应小于 30 m。

2）工业建筑防火间距的规定如下。

①甲类厂房与人员密集场所的防火间距不应小于 50 m，与明火或散发火花地点的防火间距不应小于 30 m。

②甲类仓库与高层民用建筑和设置人员密集场所的民用建筑的防火间距不应小于 50 m，甲类仓库之间的防火间距不应小于 20 m。

③除乙类部分物品仓库外，乙类仓库与高层民用建筑和设置人员密集场所的其他民用建筑的防火间距不应小于 50 m。

④飞机库与甲类仓库的防火间距不应小于 20 m。飞机库与喷漆机库贴邻建造时，应采用防火墙分隔。

3）民用建筑防火间距的规定如下。

①除裙房与相邻建筑的防火间距可按单层、多层建筑确定外，建

筑高度大于 100 m 的民用建筑与相邻建筑的防火间距应符合：与高层民用建筑的防火间距不应小于 13 m；与一级、二级耐火等级单层、多层民用建筑的防火间距不应小于 9 m；与三级耐火等级单层、多层民用建筑的防火间距不应小于 11 m；与四级耐火等级单层、多层民用建筑和木结构民用建筑的防火间距不应小于 14 m。

②相邻两座通过连廊、天桥或下部建筑物等连接的建筑，防火间距应按照两座独立建筑确定。

20. 危险化学品消防安全

（1）常见火灾原因

1）点火源控制不严。点火源是指使可燃物燃烧的一切热源，包括明火、炽热体、火星和火花、化学能等。危险化学品储存中的点火源主要有两个方面：

①外来火种。如烟囱飞火、汽车排气管的火星、库房周围的明火作业、未熄灭的烟头等。

②内部设备接触不良，操作不当引起的电火花、撞击火花和太阳能、化学能等。如电气设备、装卸工具不防爆或防爆等级不够，装卸作业使用铁质工具撞击打火、露天存放时太阳的暴晒、易燃液体操作不当产生静电放电等。

2）禁忌物品混存。危险化学品的禁忌物品混存，往往是由于作业人员缺乏专业知识或者危险化学品的安全技术说明书和安全标签缺失或不全；也有部分企业因储存场地不足而任意临时混存，造成禁忌物品因包装容器渗漏等原因发生化学反应而起火。

3）产品变质。若有些危险化学品长期未使用，废置在仓库中没有及时处理，则容易因变质而引起事故。

4）储存不当。养护管理不善或仓库储存条件差，不适应所存物品的储存要求，如不采取隔热措施，使物品受热；仓库漏雨进水使物品受潮；盛装容器破漏，使物品接触空气或易燃物品蒸气引起火灾或爆炸。

5）包装损坏或不符合要求。危险化学品包装容器损坏，或者出厂的包装不符合安全要求引起事故。

6）违反操作规程。搬运危险化学品没有轻装轻卸；堆垛过高不稳，发生倒塌；在库内未设置防护进行焊接作业等违反安全操作规程造成事故。

7）雷击。危险化学品仓库一般是设在城镇郊外空旷地带的独立建筑物或是露天的储罐或堆垛区，十分容易遭受雷击。

8）着火扑救不当。因不熟悉危险化学品的性质和灭火方法，着火时使用不当的消防器材使火灾扩大，造成更大的危险。

（2）消防安全技术措施

1）危险化学品储存、经营企业的仓库规划选址、建设、安全设施，应符合《建筑设计防火规范》（GB 50016—2014）、《危险化学品经营企业安全技术基本要求》（GB 18265—2019）的要求。

2）应建立危险化学品储存信息管理系统，按照储存量大小进行分层次要求，实时记录作业基础数据，包括但不限于：危险化学品出入库记录（含时间、品种、品名、数量等）；识别危险化学品安全技术说明书中要求的灭火介质，应急、消防要求以及危险特性，理化性质，搬运、储存注意事项和禁忌等，以及可能涉及安全相容矩阵表；库存危险化学品品种、数量、库内分布、包装形式等信息；库存危险化学品禁忌配存情况；库存危险化学品安全和应急措施。

3）危险化学品储存信息数据应进行异地实时备份，数据保存期限不少于1年。

4）危险化学品信息系统应具有接入所在地相关监管部门业务信息系统的接口。

5）危险化学品仓库应采用隔离储存、隔开储存、分离储存的方式对危险化学品进行储存。

6）应选择符合危险化学品的特性、防火要求及安全技术说明书中储存要求的仓储设施进行储存。

7）应根据危险化学品仓库的设计和经营许可要求，严格控制危险化学品的储存品种、数量。

8）危险化学品储存应满足危险化学品分类、包装、储存方式及消防要求。

9）危险化学品的储存配存应符合《危险化学品仓库储存通则》（GB 15603—2022）附录 A 及其安全技术说明书的要求。

10）储存爆炸物的仓库，其外部安全防护距离以及物品存放应满足《危险化学品经营企业安全技术基本要求》（GB 18265—2019）的要求。

11）储存有毒气体或易燃气体，且构成重大危险源的仓库，其外部安全防护距离应满足《危险化学品经营企业安全技术基本要求》（GB 18265—2019）的要求。

12）储存具有火灾危险性的危险化学品的仓库，其耐火等级、层数、面积及防火间距应符合《建筑设计防火规范》（GB 50016—2014）的要求。

13）剧毒化学品、易燃气体、氧化性气体、急性毒性气体、遇水放出易燃气体的物质和混合物、氯酸盐、高锰酸盐、亚硝酸盐、过氧化钠、过氧化氢、溴素应分离储存。

14）剧毒化学品、监控化学品、易制毒化学品、易制爆危险化学品，应按规定将储存地点、储存数量、流向及管理人员的情况报相关部门备案，剧毒化学品以及构成重大危险源的危险化学品，应在专用仓库内单独存放，并实行双人收发、双人保管制度。

相关链接

危险化学品运输过程中发生火灾的扑救：

（1）发现运输车辆失火后，驾驶员应保持镇定，及时采取以下扑救措施。

1）马上停车熄火，切断油源，关闭油箱开关，打开车门或车窗玻璃,迅速离开驾驶室,在车外实施扑救。

2)着火范围较小时,可利用车上携带的灭火器或物品(如帆布、棉被、毯子等)进行灭火。

3)着火面积较大,又未携带灭火器时,应取用路边的沙土覆盖,或向过往车辆寻求帮助进行灭火,同时拨打"119"火警电话报警。

(2)易燃易爆危险化学品车辆失火后,驾驶员应根据所运物品的性质选用合适的灭火器。

(3)为防止运输危险化学品的车辆因失火危及周围群众,或对建筑物造成威胁引发更大危害,要尽可能将运输危险化学品的车辆驶至安全区域。

(4)运输剧毒化学品时,一定要有专人押运。运输剧毒化学品的车辆,必须彻底清洗后,才能运输其他物品。严禁在内河运输剧毒化学品。

21. 易燃易爆性商品消防安全

（1）易燃易爆性商品库房应干燥、易于通风（或密闭）和避光，并应安装避雷装置；库房内可能散发（或泄漏）可燃气体、可燃蒸气的场所应安装可燃气体检测报警装置。

（2）依据各类商品的性质和灭火方法不同，严格分区、分类和分库存放。

（3）易爆性商品应储存于一级轻顶耐火建筑的库房内。低中闪点液体、一级易燃固体、自燃物品、压缩气体和液化气体类应储存于一级耐火建筑的库房内。遇湿易燃商品、氧化剂和有机过氧化物应储存于一级、二级耐火建筑的库房内。二级易燃固体、高闪点液体应储存于耐火等级不低于二级的库房内。

（4）易燃气体不应与助燃气体同库储存。

（5）爆炸品（黑色火药类、爆炸性化合物等）应专库储存；压缩气体和液化气体（易燃气体、助燃气体和有毒气体等）应专库储存；易燃液体可同库储存，但灭火方法不同的商品应分库储存；易燃固体可同库储存，但发乳剂与酸或酸性商品应分库储存；硝酸纤维素酯、安全火柴、红磷及硫化磷、铝粉等金属粉类应分库储存；自燃商品（黄磷、烃基金属化合物等），浸动物油、植物油的制品应分库储存；遇湿易燃商品应专库储存。

（6）氧化剂和有机过氧化物，一级、二级无机氧化剂与一级、二级有机氧化剂应分库储存；氯酸盐类、高锰酸盐、亚硝酸盐、过氧化钠、过氧化氢等应分别专库储存。

（7）库房周围应无杂草和易燃物。库房内地面无漏撒（洒）商品，保持地面与货垛清洁卫生。

（8）固体应无潮解、无熔（溶）化、无变色和无风化；液体颜色应正常，无封口不严、无挥发和无渗漏；气体钢瓶螺旋口应严密，无漏气现象。

22. 汽车加油加气加氢站消防安全

汽车加油加气加氢站是指为机动车加注车用燃料，包括汽油、柴油、液化石油气（LPG）、压缩天然气（CNG）、液化天然气（LNG）、氢气和液氢的场所，是加油站、加气站、加油加气合建站、加油加氢合建站、加气加氢合建站、加油加气加氢合建站的统称。

（1）站址选择

1）汽车加油加气加氢站的站址选择应符合有关规划、环境保护和防火安全的要求，并应选在交通便利、用户使用方便的地点。

2）城市建成区内的汽车加油加气加氢站宜靠近城市道路，但不宜选在城市干道的交叉路口附近。

3）汽车加油加气加氢站与重要公共建筑物、明火地点或散发火花地点，民用建筑物，甲类、乙类物品生产厂房、库房和甲类、乙类液体储罐等建（构）筑物的安全间距应符合有关规定。

（2）安全事项

1）加油加气加氢站作业区内，不得有明火地点或散发火花地点。

2）车辆入口和出口应分开设置。

3）作业区内的停车场和道路不应采用沥青路面。

4）作业区与辅助服务区之间应有界线标识。

5）在加油加气、加油加氢合建站内，宜将柴油罐布置在储气设施或储氢设施与汽油罐之间。

6）电动汽车充电设施应布置在辅助服务区内。

7）当汽车加油加气加氢站内设置非油品业务建筑物或设施时，不应布置在作业区内，与站内可燃液体或可燃气体设备的防火间距应符合有关规定。当站内经营性餐饮、汽车服务、司机休息室等设施内设置明火设备时，应等同于明火地点或散发火花地点。

8）汽车加油加气加氢站内的爆炸危险区域，不应超出站区围墙和可用地界线。

9）汽车加油加气加氢站的工艺设备与站外建（构）筑物之间，宜设置不燃实体围墙，围墙高度相对于站内和站外地坪均不宜低于2.2 m。

23. 石油天然气消防安全

（1）总体要求

1）石油天然气站场总平面布置，应根据其生产工艺特点、火灾危险性等级、功能要求，结合地形、风向等条件，经技术经济比较确定。

2）可能散发可燃气体的场所和设施，宜布置在人员集中场所及明火或散发火花地点的全年最小频率风向的上风侧。

3）甲类、乙类液体储罐，宜布置在站场地势较低处。当受条件限制或有特殊工艺要求时，可布置在地势较高处，但应采取有效的防止液体流散的措施。

4）天然气凝液、甲类、乙类油品储罐组，不宜紧靠排洪沟布置。当站场采用阶梯式竖向设计时，阶梯间应有防止泄漏可燃液体漫流的措施。

5）汽车运输油品、天然气凝液、液化石油气和硫黄的装卸车场及硫黄仓库等，应布置在站场的边缘，独立成区，并宜设单独的出入口。

6）生产区不应种植含油脂多的树木，宜选择含水分较多的树种。工艺装置区或甲类、乙类油品储罐组与其周围的消防车道之间，不应种植树木。在油品储罐组内地面及土筑防火堤坡面可植生长高度不超过 0.15 m、四季常绿的草皮。

（2）消防车道

1）油气站场储罐组宜设环形消防车道。部分油气站场内的油罐组，可设有回车场的尽头式消防车道，回车场的面积应按当地所配消防车辆车型确定，但不宜小于 15 m × 15 m。

2）储罐组消防车道与防火堤的外坡脚线之间的距离不应小于 3 m。储罐中心与最近的消防车道之间的距离不应大于 80 m。

3）铁路装卸设施应设消防车道，消防车道应与站场内道路构成环形，受条件限制的，可设置有回车场的尽头车道，消防车道与装卸栈桥的距离不应大于 80 m 且不应小于 15 m。

4）甲类、乙类液体厂房及油气密闭工艺设备与消防车道的间距不宜小于 5 m。

5）消防车道的净空高度不应小于 5 m；消防车道转弯半径不应小于 12 m，纵向坡度不宜大于 8%。

6）消防车道与站场内铁路平面相交时，交叉点应在铁路机车停车限界之外；平交的角度宜为90°，且不应小于45°。

24. 煤矿消防安全

（1）煤矿必须制定井上、井下防火措施。煤矿的所有地面建（构）筑物、煤堆、矸石山、木料场等处的防火措施和制度必须遵守国家有关防火的规定。

（2）新建矿井的永久井架和井口房、以井口为中心的联合建筑，必须用不燃性材料建筑。对现有生产矿井用可燃性材料建筑的井架和井口房，必须制定防火措施。

（3）矿井必须设地面消防水池和井下消防管路系统。井下消防管路系统应当敷设到采掘工作面，每隔100 m设置支管和阀门，但在带式输送机巷道中应当每隔50 m设置支管和阀门。地面的消防水池必须经常保持不少于200 m³的水量。消防用水同生产、生活用水共用同一水池时，应当有确保消防用水的措施。开采下部水平的矿井，除地面消防水池外，可以利用上部水平或者生产水平的水仓作为消防水池。

（4）进风井口应当装设防火铁门，防火铁门必须严密并易于关闭，打开时不妨碍提升、运输和人员通行，并定期维修；如果不设防火铁门，必须有防止烟火进入矿井的安全措施。

罐笼提升立井井口还应当采取以下措施：

1）井口操车系统基础下部的负层空间应当与井筒隔离并设置消防设施。

2）操车系统液压管路应当采用金属管或者阻燃高压非金属管，传动介质使用难燃液，液压站不得安装在封闭空间内。

3）井筒及负层空间的动力电缆、信号电缆和控制电缆应当采用煤矿用阻燃电缆，并与操车系统液压管路分开布置。

4）操车系统机坑及井口负层空间内应当及时清理漏油，每天检查清理情况，不得留存杂物和易燃物。

（5）井口房和通风机房附近20 m内，不得有烟火或者用火炉取暖。通风机房位于工业广场以外时，除开采有瓦斯喷出的矿井和突出矿井外，可用隔焰式火炉或者防爆式电热器取暖。暖风道和压入式通风的风硐必须用不燃性材料砌筑，并至少装设两道防火门。

（6）井筒与各水平的连接处及井底车场，主要绞车道与主要运输巷、回风巷的连接处，井下机电设备硐室，主要巷道内带式输送机机头前后两端各20 m范围内，都必须用不燃性材料支护。在井下和井口房，严禁采用可燃性材料搭设临时操作间、休息间。

（7）井下严禁使用灯泡取暖和使用电炉。

（8）井下和井口房内不得进行电焊、气焊和喷灯焊接等作业。如果必须在井下主要硐室、主要进风井巷和井口房内进行电焊、气焊和喷灯焊接等工作，每次必须制定安全措施，由矿长批准并遵守下列规定：

1）指定专人在场检查和监督。

2）电焊、气焊和喷灯焊接等工作地点的前后两端各 10 m 的井巷范围内，应当是不燃性材料支护，并有供水管路，有专人负责喷水，焊接前应当清理或者隔离焊渣飞溅区域内的可燃物。上述工作地点应当至少备有 2 个灭火器。

3）在井口房、井筒和倾斜巷道内进行电焊、气焊和喷灯焊接等工作时，必须在工作地点的下方用不燃性材料设施接受火星。

4）电焊、气焊和喷灯焊接等工作地点的风流中，甲烷浓度不得超过 0.5%，只有在检查证明作业地点附近 20 m 范围内巷道顶部和支护背板后无瓦斯积存时，方可进行作业。

5）电焊、气焊和喷灯焊接等作业完毕后，作业地点应当再次用水喷洒，并有专人在作业地点检查 1 h，发现异常，立即处理。

6）突出矿井井下进行电焊、气焊和喷灯焊接时，必须停止突出煤层的掘进、回采、钻孔、支护以及其他所有扰动突出煤层的作业。煤层中未采用砌碹或者喷浆封闭的主要硐室和主要进风大巷中，不得进行电焊、气焊和喷灯焊接等工作。

（9）井下使用的汽油、煤油必须装入盖严的铁桶内，由专人押运送至使用地点，剩余的汽油、煤油必须运回地面，严禁在井下存放。

井下使用的润滑油、棉纱、布头和纸等，必须存放在盖严的铁桶内。用过的棉纱、布头和纸，也必须放在盖严的铁桶内，并由专人定期送到地面处理，不得乱放乱扔。严禁将剩油、废油泼洒在井巷或者硐室内。井下清洗风动工具时，必须在专用硐室进行，并必须使用不燃性和无毒性洗涤剂。

（10）井上、井下必须设置消防材料库，并符合下列要求：

1）井上消防材料库应当设在井口附近，但不得设在井口房内。

2）井下消防材料库应当设在每一个生产水平的井底车场或者主要运输大巷中，并装备消防车辆。

3）消防材料库储存的消防材料和工具的品种和数量应当符合有关要求，并定期检查和更换；消防材料和工具不得挪作他用。

（11）井下爆炸物品库、机电设备硐室、检修硐室、材料库、井底车场、使用带式输送机或者液力偶合器的巷道以及采掘工作面附近的巷道中，必须备有灭火器材，其数量、规格和存放地点，应当在灾害预防和处理计划中确定。

井下工作人员必须熟悉灭火器材的使用方法，并熟悉本职工作区域内灭火器材的存放地点。

井下爆炸物品库、机电设备硐室、检修硐室、材料库的支护和风门、风窗必须采用不燃性材料。

（12）每季度应当对井上、井下消防管路系统、防火门、消防材料库和消防器材的设置情况进行1次检查，发现问题，及时解决。

25. 焊接与切割、涂装作业消防安全

（1）焊接与切割作业消防安全

1）必须明确焊接与切割操作人员、监督人员及管理人员的防火

职责，并建立切实可行的安全防火管理制度。

2）焊接与切割应在为减少火灾隐患而设计、建造（或特殊指定）的区域内进行。因特殊原因需要在非指定的区域内进行焊接与切割操作时，必须经检查、核准。

3）在放有易燃物的区域，焊接与切割作业只能在无火灾隐患的条件下进行。有条件时，首先要将工件移至指定的安全区进行焊接与切割。工件不可移时，应将火灾隐患周围所有可移动物移至安全位置。工件及火源无法转移时，要采取措施限制火源以免发生火灾，如易燃地板要清扫干净，并以洒水、铺盖湿沙、金属薄板或类似物品的方法加以保护；地板上的所有开口或裂缝应覆盖或封好，或者采取其他措施以防地板下面的易燃物与可能由开口处落下的火花接触。对墙壁上的裂缝或开口、敞开或损坏的门、窗都要采取类似的措施。

4）在进行焊接与切割操作的地方必须配置足够的灭火设备。其配置取决于现场易燃物品的性质和数量，可以是水池、沙箱、水龙带、消防栓或手提灭火器。在有喷水器的地方，在焊接与切割过程中，喷水器必须处于可使用状态。如果焊接地点距自动喷水器的喷头很近，可根据需要用不可燃的薄材或潮湿的棉布将喷头临时遮蔽，而且这种临时遮蔽要便于迅速拆除。

5）当焊接与切割装有易燃物的容器时，必须采取特殊的安全措施并经严格检查批准方可作业，否则严禁开始工作。

6）在特殊环境条件下（如室外的雨雪中、温度、湿度、气压超出正常范围或具有腐蚀、爆炸危险的环境等），必须对设备采取特殊的防护措施，以保证其正常的工作性能。

第3章 火灾爆炸事故预防

（2）涂装作业消防安全

涂装工程设计、设备设计人员应经安全技术专门培训，取得安全资格认可。专门培训内容应包括涂料及有关化学品火灾爆炸危险特性等。

1）涂装作业场所进行热加工作业应办理动火批准手续。

2）涂装作业场所进行热加工作业应遵守下列规定：清理作业现场易燃易爆物；检查消除作业现场及其附近地坑、地沟等低凹地区残存的易燃易爆气体；动火使用的氧气瓶、乙炔瓶、电焊机等放置在安全距离以外；使用防爆型电气设备；使用不产生火花的工具或机具；参照《建筑灭火器配置设计规范》(GB 50140—2005)配置消防器材；实现现场安全监护。

3）涂装作业场所入口、临时设置的涂装作业场所周边、露天涂装作业防火区内，应设置"禁止烟火"标志。

4）涂装作业场所动火时，应设置"禁放易燃品"标志。

59

5）可能产生静电（如静电喷漆、静电喷粉、使用有机溶剂作业等）会导致火灾爆炸危险场所，应设置"禁止穿化纤服"标志。

6）可能产生火灾爆炸危险的使用有机溶剂等作业场所，应设置"禁止穿带钉鞋"标志。

7）使用有机溶剂除油时，应关闭电源开关或其他电源装置，其作业场所应设置可燃气体报警仪，并设置警示标志。气相除油清洗应在封闭罐内进行，罐体内壁应涂敷耐腐蚀、阻燃性的材料。

8）使用有机溶剂或气相除油作业过程中，不应有敲打、碰撞、摩擦等可产生火花或静电放电的动作。使用有机溶剂或脱漆剂脱漆时，不应使用易产生火花的金属工具敲铲。

9）同一防火分区内有不同火灾危险性产生时，该防火分区应按火灾危险性较大的部分确定。当符合下述条件之一时，按火灾危险性较小的部分确定：火灾危险性较大的生产部分占本防火分区面积的比例小于5%或丁类、戊类厂房内的油漆工段小于10%，且发生火灾事故时不足以蔓延到其他部位或火灾危险性较大的生产部分采取了有效的防火措施；丁类、戊类厂房的油漆工段占其所在防火分区面积的比例不大于20%，当采用封闭喷漆工艺时，封闭喷漆空间内保持负压且油漆工段设置可燃气体浓度报警系统或自动抑爆系统。

> **Tips 相关链接**
>
> 焊接与切割（焊割）作业"十不烧"：
>
> （1）作业人员必须持证上岗，无特种作业操作证的人员，不准进行焊割作业。
>
> （2）未办理动火许可证，不准进行焊割作业。

(3)不了解焊割现场周围情况,不准进行焊割作业。

(4)不了解焊件内部是否安全时,不准进行焊割作业。

(5)盛装过可燃气体、易燃液体和有毒物质的容器,未彻底清洗、排除危险之前,不准进行焊割作业。

(6)用可燃材料制作的保温层、冷却层或者作为隔声、隔热设备的组成材料的部位,或火星能飞溅到的地方,在未采取切实可靠的安全措施之前,不准进行焊割作业。

(7)有压力或密闭的管道、容器内,不准进行焊割作业。

(8)焊割部位附近有易燃易爆物品,在未做清理或未采取有效的安全措施前,不准进行焊割作业。

(9)附近有工种在使用遇明火有着火可能的材料进行作业时,不准进行焊割作业。

(10)与外单位相邻的部位,在没有弄清有无险情,或明知存在危险而未采取有效的措施之前,不准进行焊割作业。

26. 交通运输工具火灾预防

(1)汽车火灾的预防

1)防止油料渗漏。汽车火灾事故大部分是油料燃烧引起的,因此驾驶员要随时检查燃油供给系统和润滑油有无渗漏,若发现渗漏,要及时处理:润滑油的轻微渗油现象有时很难根除,因此要及时将渗出的油迹擦净;油箱盖和使用防冻液时的水箱盖要严密,加注油料和防冻液不可过满,以防溢出。此外,还要注意油箱的温度,如夏季日光暴晒等，都会使油箱过热，增加油料的挥发，挥发出来的油气很容易引起火灾。油箱焊修时要将箱壁上黏附的残油洗净，在途中排除油路故障时，要注意渗漏的油不能被点燃，任何时候都不准用汽油擦洗汽车发动机。

2）隔绝火源。火源是指能够点燃油料或其他易燃品的火花、火种与炽热体，针对汽车防火而言，主要有如下几个方面：

①人为火源。如油灯、火柴、打火机、喷灯、车库的炉火、照明灯、点燃的香烟等火源都有引起汽车火灾的先例，特别是在油箱口附近或汽车漏油时，由于疏忽大意容易引起火灾。因此，要加强对驾驶员的防火安全教育，企业要有严密的防火制度，严禁无关人员进入车库。

②汽车本身的电火花。汽车的高压电虽有防护，但在气缸外跳火的可能性仍然存在，如高压线插头松动、绝缘老化等都会引起高压跳火，如跳火时附近有易燃物或汽油蒸气，就会引起火灾。因此，必须保持车辆状态良好，加强车辆的维护。

③气缸内溢出的火。化油器回火、排气管"放炮"、点火时间不合适、负荷过大、混合气过浓等都能导致发动机排气管过热，进而引起火灾。特别是在发动机不清洁、沾染油污、油污黏附杂草枯叶时，遇到火源很容易引起火灾。为此，必须经常擦拭发动机，保持其外表清洁。

④防止静电火花和金属撞击引起的火花。汽油与油箱、油料与油罐在运动中会因摩擦产生静电，当电位高到一定程度时也会产生静电火花引起火灾。因此，仓库的储油容器、管线、装卸设备上要安装接地线，以便把静电导入大地。油罐车要拖一根接地链，且要连接牢固、导电良好。加油时，加油枪管口应尽量接近油面，控制流速，以减少油料搅动与冲击，避免产生火花。实践证明，在装油开始时和装

到容器容积的 3/4 后，最容易发生静电火花事故。所以在加油开始时和接近装满时，要放慢油的流速。金属的撞击也能产生火花，所以在有汽油或汽油蒸气的地方，严禁用铁锤或扳手敲击金属，如油箱口、油桶盖等。

（2）列车火灾的预防

1）加强对电气设备的安全管理：

①锅炉、茶炉。点火前检查各阀门位置是否正确，水位表、温度表是否良好，严禁缺水点火；室内不准堆放杂物，并要保持清洁，及时消除油污；加煤时检查煤内是否有爆炸物；离人加锁；炉灰应用水浸灭后清除出车外；经常巡视检查。

②餐车炉灶。检查储藏室是否有易燃易爆物品，烟囱、炉灶、排油烟罩应定期清除油垢及杂物，燃气、燃油罐与炉灶之间的间距不得小于 50 cm；列车运行过程中，严禁在餐车炼油，油炸食品和食品过油时油量不得超过容器容积的 1/3；乘务人员不得使用自备的炉具和电热器具。严禁炊事人员在火源、气源未关闭的情况下擅离岗位；在液化气瓶漏气时，应将其撤离餐车后检查修理，并对餐车开窗通风，严禁在液化气大量泄漏时点火或操作电气开关，严禁在液化气泄漏时用明火检查漏气部位。

③发电车和车辆电气设备。列车出发前和到站后，应对各种电气设备进行安全检查，各种电源配线及裸露在墙板线槽的导线应排列整齐，线头要包扎良好，防止漏电时产生电火花；各接线端子、接线柱应防止开焊、松动虚接而产生电火花和电弧；各电源保险丝应根据规定配齐，严禁以大代小，严禁用其他金属丝代替保险丝，使电路保险装置失去作用。列车运行中车厢电源和电气设备必须保持状态良好、

清洁；发电车和车厢的配电室内严禁存放物品；配电室离人时应锁闭；乘务人员应严格遵守操作规程，严禁乱拉电线、乱设电气设备。

2）整顿列车秩序，严禁"三品"（危险品、易燃易爆品和毒害品）上车。列车在始发站和较大站、重点区段站停靠时，乘务人员要严格按照制度、方法进行"三品"检查，密切注意乘客随身携带的物品，发现"三品"时应立即依法处理。

整顿列车秩序，严禁"三品"上车。

3）强化日常消防安全管理，主要包括以下内容：

①在禁止吸烟的车厢内，要提醒乘客不得吸烟。在允许吸烟的特定地点，要告诫乘客吸烟时将捻灭的烟头和熄灭的火柴放在烟灰缸内，不可随手乱扔。

②要及时对车内进行检查和清扫，避免如纸张、碎布片等易燃物品堆积在地板上。提醒乘客将废弃的物品放在桌板上，并及时清理。行李应放在行李架上，不得放在通道上，以免发生火灾时妨碍乘客有秩序地疏散逃生。

③广播室内禁止吸烟，严禁放置可燃物品和其他物品；行李车上要注意检查"三品"的带入，并不准闲杂人员搭乘；邮政车上严禁闲杂人员进入，并严禁烟火。

④经常组织乘务人员学习消防安全知识，使其掌握检查、使用列车内用火、用电设备及灭火器材的技术性知识和方法，真正做到平时能防火，发生火灾能迅速、妥善、正确处理，最大限度地减少火灾损失。

（3）飞机火灾的预防

1）飞机在飞行过程中的防火措施如下：

①飞机在空中飞行时，机上空勤人员和乘客一律禁止吸烟。

②飞行人员必须严格遵守飞行条例规定，与其他飞机、建筑物等保持足够的距离并按规定的方向避让，严防发生事故。

③机上的电热器具如电炉、烘箱、电加热器等应严格管理，不用时应立即关闭电源或拔掉插头。

④加强飞行过程中的安全检查，发现异常情况应冷静果断地采取措施并及时将出现的问题和处置情况向航行管制员报告。

⑤在低能见度或出现故障情况下着陆时，飞行人员应通过塔台事先通知消防救援部门，做好应急救援准备。飞机着陆时，若出现起落架故障且无法排除，可在规定地带进行迫降。迫降前，除留足迫降所需的燃油外，其余燃油应立即倾泻，以减少危险。迫降时，航行管制员应立即通知消防救援部门赶赴现场，做好灭火准备。

2）飞机在停机坪时的防火措施如下：

①飞机在地面时，要控制各种生产生活保障车辆的行驶路线，严防撞机事故发生。除客梯车外，其他车辆与飞机应保持一定的安全距

离。电源车、客梯车、装货车、牵引车、清洗车及加油加水车、食品供给车等，必须按次序靠近飞机，并按规定在指定位置停放，进入客机坪的行驶速度不得超过 10 km/h。

②严格管理飞行活动区域，严禁人、畜、车辆进入以免发生危险。此区域应消除飞鸟集生的环境条件，附近的建（构）筑物应安装灯光标志，以防飞机与飞鸟或建（构）筑物撞击发生事故。

③禁止民航班机装运易燃、易爆、自燃、强氧化、强腐蚀等化学危险品和压缩气体。空勤人员和乘客不准随机携带烟花爆竹和火柴。货物装运时，装运人员不准吸烟。

④集装箱和零散行李要码放牢固，零散行李与货舱照明灯具应保持不小于 50 cm 的距离。

⑤飞机起飞前应严格检查，停机坪上的可燃物必须彻底清除。

3）飞机在进行检修时的防火措施如下：

①维修燃油箱时，必须在消除燃油箱油气前做好通风、灭火等防

范措施,必须拆下飞机上的电瓶,停止发动机工作并挂出警示牌。作业人员应穿棉布质的清洁安全工作服。

②飞机充氧系统充氧前,充氧人员必须洗净手上的油脂,穿专用充氧服,并先接好专用地线。充氧时,严禁易燃物与充氧器具接触,同时严禁飞机加油、通电。充氧结束后,应先关充氧车充氧开关,再关飞机充氧开关,缓慢地放出充氧管中的余压。充氧现场的地面及周围不得有任何易燃物和火源。

③进行大面积涂装作业时,飞机必须做好静电接地,并在工作区附近或舱门入口的梯子处放置灭火器。

(4)船舶火灾的预防

1)禁止在机舱、货舱、物料间或储藏室内吸烟,禁止在卧室内躺着吸烟。禁止装卸货或加装燃油时在甲板上吸烟。

2)吸烟时,烟头、火柴必须熄灭后投入烟灰缸,不能乱丢或向舷外乱扔,也不准扔在垃圾桶内;离开房间时应随手关闭电灯和电扇等电气设备;雷雨或大风天气应将舷窗关闭严密,航行中禁止锁门睡觉。

3)必须集中保管的易燃易爆物品,不准私自存放,禁止任意烧纸或燃放烟花爆竹,严禁玩弄救生信号弹。

4)禁止私自使用移动式明火电炉。使用电炉、电水壶、电熨斗、电烙铁等电热器具时,必须有人看管,离开时必须拔掉插头或切断电源;不准擅自接拆电气线路和电气设备,不准用纸或布遮盖电灯,不准在电热器具上烘烤衣服、鞋袜等。

5)废弃的棉纱头、破布应放在指定的金属容器内,不得乱放;潮湿或有油污的棉毛织物应及时处理,不准堆放在闷热的地方,以防自燃。

6）货舱灯必须妥善维护。使用货舱灯时要预先检查灯泡及护罩，如有损坏应及时换新；要保护好货舱灯电缆，防止被他物压坏。

7）动火作业须经船长同意（港内必须经管理部门批准）。动火作业前须查清周围及上下邻近各舱有无易燃物，特别要查明焊接处是否通向油舱；当进行气焊作业时，要严防"回火"，避免事故发生，同时须派专人备妥消防器材在旁监护；作业完毕后，要仔细检查有无残留火种，有无复燃可能。

8）油轮货油泵间必须保持清洁，不得堆放杂物，污油应经常清除。货油泵要定期检查，并应按规定进行注油。装卸期间，油泵操作人员或轮机员不得擅离职守。

9）严格遵守与防火防爆有关的安全操作规程和有关规定，当发现任何不安全因素时,每个船员均有责任及时报告上级;对违章行为,人人有责任及时制止。

27. 烟花爆竹生产经营和运输安全

(1)生产经营安全

1)生产烟花爆竹的企业,应当具备下列条件:符合当地产业结构规划;基本建设项目经过批准;选址符合城乡规划,并与周边建筑、设施保持必要的安全距离;厂房和仓库的设计、结构和材料以及防火、防爆、防雷、防静电等安全设备、设施符合国家有关标准和规范;生产设备、工艺符合安全标准;产品品种、规格、质量符合国家标准;有健全的安全生产责任制;有安全生产管理机构和专职安全生产管理人员;依法进行了安全评价;有事故应急救援预案、应急救援组织和人员,并配备必要的应急救援器材、设备;法律法规规定的其他条件。

2)生产烟花爆竹的企业,应当在投入生产前向所在地设区的市人民政府应急管理部门提出安全审查申请,并提交能够证明符合《烟花爆竹安全管理条例》规定条件的有关材料。设区的市人民政府应急管理部门应当自收到材料之日起20日内提出安全审查初步意见,报省、自治区、直辖市人民政府应急管理部门审查。省、自治区、直辖市人民政府应急管理部门应当自受理申请之日起45日内进行安全审查,对符合条件的,核发烟花爆竹安全生产许可证;对不符合条件的,应当说明理由。

3)烟花爆竹的经营分为批发和零售。从事烟花爆竹批发的企业和零售经营者的经营布点，应当经应急管理部门审批。禁止在城市市区布设烟花爆竹批发场所；城市市区的烟花爆竹零售网点，应当按照严格控制的原则合理布设。

4）从事烟花爆竹批发的企业，应当具备下列条件：具有企业法人条件；经营场所与周边建筑、设施保持必要的安全距离；有符合国家标准的经营场所和储存仓库；有保管员、仓库守护员；依法进行了安全评价；有事故应急救援预案、应急救援组织和人员，并配备必要的应急救援器材、设备；法律法规规定的其他条件。烟花爆竹零售经营者，应当具备下列条件：主要负责人经过安全知识教育；实行专店或者专柜销售，设专人负责安全管理；经营场所配备必要的消防器材，张贴明显的安全警示标志；法律法规规定的其他条件。

5）申请从事烟花爆竹批发的企业，应当向所在地设区的市人民政府应急管理部门提出申请，并提供能够证明符合《烟花爆竹安全管理条例》规定条件的有关材料。受理申请的应急管理部门应当自受理申请之日起30日内对提交的有关材料和经营场所进行审查，对符合条件的，核发烟花爆竹经营（批发）许可证；对不符合条件的，应当说明理由。申请从事烟花爆竹零售的经营者，应当向所在地县级人民政府应急管理部门提出申请，并提供能够证明符合《烟花爆竹安全管理条例》规定条件的有关材料。受理申请的应急管理部门应当自受理申请之日起20日内对提交的有关材料和经营场所进行审查，对符合条件的，核发烟花爆竹经营（零售）许可证；对不符合条件的，应当说明理由。烟花爆竹经营（零售）许可证，应当载明经营负责人、经营场所地址、经营期限、烟花爆竹种类和限制存放量。

第3章 火灾爆炸事故预防

（2）运输安全

1）道路运输条件。经由道路运输烟花爆竹的，应当经公安部门许可。经由铁路、水路、航空运输烟花爆竹的，依照铁路、水路、航空运输安全管理的有关法律、法规、规章的规定执行。经由道路运输烟花爆竹的，托运人应当向运达地县级人民政府公安部门提出申请，并提交下列有关材料：

①承运人从事危险货物运输的资质证明。

②驾驶员、押运员从事危险货物运输的资格证明。

③危险货物运输车辆的道路运输证明。

④托运人从事烟花爆竹生产、经营的资质证明。

⑤烟花爆竹的购销合同及运输烟花爆竹的种类、规格、数量。

⑥烟花爆竹的产品质量和包装合格证明。

⑦运输车辆牌号、运输时间、起始地点、行驶路线、经停地点。

2）道路运输安全要求。受理申请的公安部门应当自受理申请之日起3日内对提交的有关材料进行审查，对符合条件的，核发烟花爆竹道路运输许可证；对不符合条件的，应当说明理由。烟花爆竹道路运输许可证应当载明托运人、承运人、一次性运输有效期限、起始地点、行驶路线、经停地点、烟花爆竹的种类、规格和数量。经由道路运输烟花爆竹的，除应当遵守《中华人民共和国道路交通安全法》外，还应当遵守下列规定：

①随车携带烟花爆竹道路运输许可证。

②不得违反运输许可事项。

③运输车辆悬挂或者安装符合国家标准的易燃易爆危险物品警示标志。

④烟花爆竹的装载符合国家有关标准和规范。

⑤装载烟花爆竹的车厢不得载人。

⑥运输车辆限速行驶，途中经停必须有专人看守。

⑦出现危险情况立即采取必要的措施，并报告当地公安部门。

烟花爆竹运达目的地后，收货人应当在3日内将烟花爆竹道路运输许可证交回发证机关核销。

28. 烟花爆竹生产加工消防安全

（1）火药制造阶段的消防安全

1）基本要求。烟火药制造、裸药效果件制作的各工序应分别在单独工房内进行。除造粒和制开包（球）药外，电动机械制造（作）烟火药及裸药效果件，在机械运转时人与机械间应有防护设施隔离。

2)原材料准备。烟火药的原材料应符合有关原材料质量标准要求,具有产品合格证;进厂应经过检验合格后方可使用。原材料(药种)的使用应符合《烟花爆竹 安全与质量》(GB 10631—2013)规定。在开启原材料的包装时,应检查包装是否完整;包装打开后,应检查包装内物质与有关标识是否相符;发现包装内物质与标识不符及物质受潮、变质等现象应停止使用。

3)原材料粉碎筛选。原材料粉碎筛选,每栋工房定员2人。粉碎前应对设备和工具进行全面检查,并认真清除粉尘;粉碎前后应筛选除去杂质。粉碎氧化剂、还原剂应分别在单独专用工房内进行,每栋工房定员2人;严禁将氧化剂和还原剂混合粉碎筛选;粉碎筛选过一种原材料后的机械、工具、工房应经清扫(洗),擦拭干净才能粉碎筛选另一种原材料;高感度的材料应专机粉碎;不应用粉碎氧化剂的设备粉碎还原剂,或用粉碎还原剂的设备粉碎氧化剂。原材料粉碎时应保持通风并防止粉尘浓度过高。用湿法粉碎时,不应有原材料外溢。粉碎的原材料包装后,应标明品种、规格、数量和日期。

(2)消防给水和消防设施

1)烟花爆竹生产建设项目和批发经营仓库应设置消防给水系统。建筑的室外消防供水可采用室外消火栓、手抬机动消防泵等方式。

2)对于产品或原料与水接触能引起燃烧、爆炸或助长火势蔓延的场所,应根据产品和原料的特性选择相应的灭火剂和消防设施,不应设置以水为灭火剂的消防设施。

3)消防给水利用天然水源时,应采取安全可靠的取水措施;采用自备水源井时,应设置消防水蓄水设施。当水源来自市政给水且市政给水管网能够同时满足室内外消防给水设计流量和生产、生活最大用水量时，可不设置消防蓄水设施。

4）供消防车或手抬机动消防泵取水的消防水池和室外消火栓的保护半径，不应大于150 m。

5）危险品生产厂房和仓库的室外消防用水量应符合现行国家标准《消防给水及消火栓系统技术规范》（GB 50974—2014）中甲类厂房和仓库的规定。当单个建（构）筑物的体积均不超过300 m^3 时，室外消防用水量可按10 L/s计算。

6）室外消防给水管网宜布置成环状。若受地形限制不能设计为环状管网时，可设计为枝状消防给水管网，但生产应无不间断给水要求，且厂区两端应分别设置高位水池。

7）易发生燃爆事故的工作间宜设置雨淋灭火系统。

第4章 火灾扑救

29. 初期火灾扑救

（1）基本方法

1）堵截。堵截火势，防止火势蔓延或减缓其蔓延速度，也可在堵截过程中进行灭火。堵截是积极防御与主动进攻相结合的火灾扑救基本方法，在实际应用中，当灭火人员不能接近火场时，应根据着火对象及火灾现场实际，果断在蔓延方向设置水枪阵地、水帘，关闭防火门、防火卷帘、挡烟垂壁等，堵截蔓延，防止火势扩大。

2）快攻。当灭火人员能够接近火源时，应及时利用身边的灭火器材灭火，将火势控制在初期低温少烟阶段。

3）排烟。利用门窗、破拆孔洞将高温和浓烟排出建筑物外。排烟是引导火势蔓延方向、减少火灾损失的重要措施。

4）隔离。针对燃烧面积大或情况比较复杂的火场，根据火灾扑救的需要，将燃烧区分割成两个或数个战斗区段，以便于分别部署力量将火扑灭。

（2）家具、被褥等起火

一般用水灭火。用身边可盛水的物品如脸盆等向火焰上泼水，也可把水管接到水龙头上喷水灭火，同时把燃烧点附近的可燃物泼湿降温。但油类、电气起火不能用水灭火。

（3）电气起火

家中电气设备或线路起火，要先切断电源，再用干粉或气体灭火器灭火，不可直接泼水灭火，以防触电或电气爆炸伤人。

（4）油锅起火

油锅起火时应迅速关闭炉灶燃气阀门，直接盖上锅盖或用湿抹布覆盖，还可向锅内放入切好的蔬菜冷却灭火，将锅平稳端离炉火，冷却后才能打开锅盖，切勿向油锅倒水灭火。

（5）燃气罐起火

用浸湿的被褥、衣物等捂盖住火焰，并迅速关闭阀门。

（6）人体起火

身上起火时不要乱跑，可就地打滚或用厚重的衣物压灭火苗。

30. 危险化学品火灾扑救

（1）针对危险化学品火灾的火势蔓延快和燃烧面积大的特点，要采取先控制、后消灭原则，做到统一指挥、以快制快。采取堵截火势防止蔓延；重点突破，排除险情；分割包围，速战速决等灭火战术。

（2）灭火人员应占领上风或侧风阵地。

（3）灭火人员及负责火情侦察、火场疏散的人员应有针对性地采取自我防护措施，如佩戴消防面具、穿专用防护服等。

（4）应迅速查明燃烧范围、燃烧物品及其周围物品的品名及其主要危险特性、火势蔓延的主要途径。

（5）正确选择最合适的灭火剂和灭火方法。火势较大时，应先堵截火势蔓延通道，控制燃烧范围，然后逐步扑灭火灾。

（6）对出现爆炸、喷溅征兆等特别危险需紧急撤退的情况，应按照统一的撤退信号和撤退方法及时撤退（撤退信号应格外醒目，能使现场所有人员都看到或听到）。

（7）火灾扑灭后，起火单位应当保护现场，协助消防救援部门调查火灾原因，核定火灾损失，查明火灾责任，未经消防救援部门的同意，不得擅自清理火灾现场。

> **Tips 相关链接**
>
> 大多数易燃、可燃液体火灾都能用泡沫灭火剂扑救。其中，水溶性的有机溶剂火灾（如醚类、醇类火灾）应使用抗溶性泡沫灭火剂扑救；可燃气体火灾可使用二氧化碳、干粉等灭火剂扑救；有毒气体和酸、碱溶液可使用喷雾、开花射流或设置水幕进行稀释；遇水燃烧物质（如碱金属及碱土金属火灾）、遇水反应物质（如乙硫醇、氯乙酰等）应使用干粉灭火剂或干沙土、水泥粉等覆盖灭火；粉状物品（如硫黄粉、粉状农药等）不能用强水流冲击，可用雾状水扑救，以防发生粉尘爆炸而扩大灾情。

31. 矿井火灾扑救

（1）直接灭火法

直接灭火法是指挖除火源，或用水、沙土、灭火器等，在火源附近直接扑灭火灾。

1）挖除火源。将已经发热或者燃烧的煤炭以及其他可燃物挖出并运出井外。这是扑灭矿井火灾最彻底的方法，但是采用这种方法的适用条件是：

①火灾处于初期阶段，波及范围不大。

②火区无瓦斯超限、聚积，无煤尘爆炸危险。

③火源位于人员可直接到达的地点。

2）用水灭火。水是最有效、最经济、来源最广泛的灭火材料。用水灭火的适用条件是：

①火灾处于初期阶段，火区范围不大，不影响其他区域。

②有充足的水源，灭火地点顶板完整坚固。

③通风系统正常且瓦斯浓度不超限。

同时用水灭火必须注意以下问题：

①要有足够的水量，水量不足不仅难以灭火，而且有可能贻误战机，助长火势发展。

②要有瓦斯检查员在现场附近随时检查瓦斯浓度。

③水能导电，不能用水来直接扑灭电气火灾。

④灭火人员要站在进风侧，防止高温烟流伤人或中毒，水射流要由外向里逐渐灭火，以免产生过量水蒸气伤人。

⑤保持正常通风，使烟和水蒸气排到回风流中。

⑥灭火时要注意观察顶板、瓦斯、煤尘、一氧化碳、风量、风向

的变化情况,发现异常情况必须立即采取措施进行处理。

3)用沙土灭火。用沙土直接覆盖在燃烧物体上,将空气隔绝把火扑灭。这种方法的适用条件是:

①火灾处于初期阶段,火区范围不大,不影响其他区域。

②通常用来扑灭电气火灾和油类火灾。

4)用灭火器灭火。适用于煤矿井下的灭火器有干粉灭火器、泡沫灭火器等。

(2)联合灭火法

在封闭火区后,可辅以其他灭火措施联合灭火,如灌浆、通入惰性气体和调节风压等。

1)灌浆。火区范围大,火源位置不能确定时,应对整个火区灌注大量泥浆。火区范围小且已准确掌握火源位置时,就可在火源附近打钻注浆。

2)通入惰性气体。通入惰性气体,如二氧化碳、氮气等,以降低火区内的氧气含量,从而使燃烧火焰熄灭。

3)调节风压。调节火区进风、回风侧密闭之间的风压差,减少向火区的漏风,以加速灭火。

(3)隔绝灭火法

当井下火灾不能用直接灭火法扑灭时,必须迅速封闭火区,切断氧气供给。经过一定时间以后,火区氧气消耗殆尽,燃烧也会自动熄灭。采用这种方法灭火时需要注意:

1)为有效地切断氧气供给,应在通往火区的所有巷道内构筑防火墙,并且堵住一切可能的漏风通道。

2)封闭火区时,在确保安全的前提下应尽量缩小封闭火区的范围,并必须指定专人检查瓦斯、氧气、一氧化碳、煤尘以及其他有害气体和风流的变化,采取防止瓦斯、煤尘爆炸和人员中毒的安全措施。

 相关链接

万一发生瓦斯爆炸,应使灾害波及范围局限在尽可能小的区域内,以减少损失,为此应该采取以下措施:

(1)制订周密的预防和处理瓦斯爆炸事故计划,并要求有关人员贯彻执行。

(2)实行分区通风。各水平面、各采区都必须布置单独的回风巷,采掘工作面都应采用独立通风,确保某一个通风系统的破坏将不致影响其他区域。

(3)通风系统力求简单,确保发生瓦斯爆炸时进风流与回风流不会发生短路。

(4)装有主要通风机的出风井口,应安装防爆门或防爆井盖,以防止爆炸冲击波冲毁通风机,影响救灾与通风的恢复。

(5)防止煤尘事故扩大的隔爆措施,同样也适用于防止瓦斯爆炸。

32. 电气火灾扑救

(1)断电灭火法

当灭火人员的身体或所使用的消防器材接触或接近带电部位,或在冷却和灭火时用直流水柱、泡沫等直射带电部位,或电线断落形成跨步电压时,容易发生触电事故。为了防止在扑救火灾过程中发生触电事故，首先应禁止无关人员进入火灾现场，特别是对于有电线落地已形成跨步电压或接触电压的场所，一定要划分出危险区域，设置明显的标志并派专人看管，以防误入。同时，要与生产调度、电气技术人员合作，在允许断电时要尽快设法切断电源，为扑救火灾创造安全的环境。

（2）带电灭火法

1）用灭火器实施带电灭火。对于带电设备或线路的初期火灾，应使用二氧化碳或干粉灭火器进行扑救。扑救时应根据着火设备或电气线路的电压，确定扑救的最小安全距离，在确保人体、灭火器的筒体、喷嘴与带电体之间距离不小于最小安全距离的前提下，灭火人员应尽量从上风方向灭火。

2）用固定灭火系统实施带电灭火。生产装置区、库区、装卸区和变配电所等部位的蒸汽、二氧化碳、干粉固定灭火装置，以及雾状水等固定或半固定的灭火装置，可以直接用于带电灭火。

3）用水实施带电灭火。因水能导电，用直流水柱近距离直接扑救带电的电气设备火灾时,灭火人员会有触电伤亡的危险,只有在通过水流导入人体的电流小于 1 mA 时,才能保证灭火人员的安全。

(3)注意事项

1)不得使用泡沫灭火器,应使用二氧化碳灭火器、干粉灭火器。

2)所使用的消防器材与带电部位的安全距离不小于 1 m。

3)对架空线路等高空设备灭火时,人体与带电体之间的仰角不应大于 45°,并站在线路外侧,以防导线断落造成触电。

4)高压电气线路发生短路时,室内灭火人员不得进入故障点周围 4 m 以内的区域,室外灭火人员不得进入故障点周围 8 m 以内的区域,凡是进入的人员,必须穿绝缘靴。接触电气设备外壳及架构时,应戴绝缘手套。

5)使用喷雾水枪灭火时,应穿绝缘靴、戴绝缘手套,挂接地线。

6)未穿绝缘靴的灭火人员,要防止因地面水渍导电而触电。

33. 交通运输火灾扑救

(1)汽车火灾的扑救

1)当汽车发动机发生火灾时,驾驶员应迅速停车,打开车门让车上人员下车,然后切断电源,取下随车灭火器,对准着火部位的火焰正面猛喷,扑灭火焰。

2)汽车车厢货物发生火灾时,驾驶员应将汽车驶离危险区域或人员集中场所停下,并迅速拨打"119"火警电话。

3)当汽车在加油过程中发生火灾时,驾驶员不要惊慌,要立即停止加油,迅速将车开出加油站(库),用随车灭火器或加油站的灭

火器以及衣物等将油箱上的火焰扑灭。如果地面有流散的燃料，应用灭火器或沙土将地面火扑灭。

4）若汽车在修理过程中发生火灾，修理人员应迅速下车或钻出维修地沟，迅速切断电源，用灭火器或其他灭火器材扑灭火焰。

5）当汽车被撞后发生火灾时，如果车辆零部件损坏，乘车人员受伤比较严重，首要任务是设法救人。

6）当停车场发生火灾时，一般应视着火车辆位置，采取扑救措施和疏散措施。如果着火汽车在停车场中间，应在扑救火灾的同时，组织人员疏散周围停放的车辆。

7）当公共汽车发生火灾时，若车上人员较多，驾驶员要特别冷静果断。首先应考虑救人和报警，然后视着火的具体部位确定逃生和扑救方法。

（2）列车火灾的扑救

1）客车火灾扑救。运行中的客车发生火灾，乘务人员应迅速扳下紧急制动阀使客车停下,并把车门和车窗全部打开,让乘客从门窗处撤离或将乘客疏散到着火客车两端的车厢内,并在起火车厢两侧堵截火势,阻止火势向列车前后蔓延,进而从外部扑救车厢火灾。客车在行驶途中或停车时发生火灾,在疏散人员后,消防人员应将着火的车厢与未着火的车厢分离,控制火势蔓延。

2)货车火灾扑救。货车在运行途中发生火灾,运行车长应及时报告路局调度室,请示停车位置,等待消防救援人员前往扑救。货车停在车站、货场或编组站内发生火灾时,应将货车迅速开到安全的路段,等待消防救援人员前来扑救;可采取分解车厢的方法对货车车厢进行隔离。扑救货车火灾时,应查明车厢内货物的种类及物理化学性质,再采取相应的扑救方法,防止灭火剂与货物发生化学反应,加速燃烧和爆炸;灭火与抢救物资必须兼顾,应边灭火边将物资转移到安全地带,减少损失,并清除火源附近的可燃物质。

3)机车火灾扑救。内燃机车发生火灾时,应首先停机断电。柴油机和油箱着火应使用泡沫或雾状水灭火,并冷却油箱,防止发生爆炸;电气设备着火,应使用干粉、二氧化碳等灭火器和雾状水灭火。电力机车发生火灾时,应首先切断电源,使用干粉、二氧化碳等灭火器灭火。特殊情况下,也可用水扑救,但必须断电。

4)轻轨列车火灾扑救。停站轻轨列车发生火灾,列车驾驶员或站台工作人员应切断列车电源,引导列车及站内的人员从站台出入口进行撤离。消防救援人员利用站台固定消防设施,深入列车内部灭火。必要时,可对列车窗户进行破拆,开辟疏散和灭火通道,并排除烟雾。轻轨列车在运行途中发生火灾,驾驶员应尽量将着火列车开至就近站台,及时疏散乘客并切断列车电源,实施灭火。

5)磁悬浮列车火灾扑救。磁悬浮列车在运行中发生火灾,主要依靠灭火器实施扑救。如果火势较大,乘务人员应指挥着火车厢乘客向两端车厢撤离,并迅速放下事故车厢和两端车厢的防火门,通知列车运行控制中心,在列车抵达的下一站做好火灾扑救准备。

(3)飞机火灾的扑救

1)扑救起落架火灾。起落架起火时,不同阶段的扑救方法也有所不同,具体如下:

①过热发烟阶段。用雾状水或二氧化碳冷却,但应让机轮和轮胎自然冷却。

②局部燃烧阶段。尽快在上风向沿机身方向用雾状水掩护疏散人员,用干粉灭火,并用雾状水冷却危险部位。

③完全着火阶段。大剂量的泡沫与干粉联用扑救,用泡沫冷却机身、机翼。

2）机翼火灾的扑救。喷射泡沫覆盖冷却机身，泡沫与干粉联用在上风向冲击火焰，两翼外推阻挡火势，围机灭火，但严禁沿机翼线向机身方向喷射泡沫，以免将燃油驱到机身。

3）扑救飞机发动机火灾。发动机起火的扑救方法如下：

①切断油路供给，启动自动灭火系统，并用卤代烷和二氧化碳灭火器扑灭发动机火灾。

②不得站在发动机下方，与进气口、排气口保持安全距离，用泡沫控制周围的火势，并用泡沫和雾状水喷洒覆盖吊舱和其他部位，也可用干粉或二氧化碳扑灭吊舱火。

4）扑救机身内部火灾。机身内部起火的扑救方法如下：

①用雾状水控制火势，用泡沫覆盖或用开花水流冷却危险部位。

②佩戴空气呼吸器，穿防火服、隔热服，进入舱内，与外部人员配合，用干粉或二氧化碳扑灭驾驶舱火，其他部位用喷雾水或泡沫灭火。

③客舱内没有旅客时，可灌入高倍、中倍泡沫封闭灭火。

（4）船舶火灾的扑救

航行中的船舶发生火灾时应立足于自救灭火，同时寻求援助。船舶火灾的扑救步骤分为4步，即发出火警、寻找火源、隔绝火场、展开扑救。

扑救船舶火灾的一般原则可归纳为以下几点：

1）航行中的船舶发生火灾时，首先要减速并改变航向；根据风向和着火部位，结合航道情况迅速将船调整到适当方向。减速可减小舱内空气压力，改变航向可以使着火部位背风或将火焰吹向舷外，这样有利于各项灭火行动的开展。

2）先控制，后灭火。充分利用现有设施控制火情，阻止火焰的传播；对着火点附近的易燃易爆品采取隔离、冷却等措施，防止被引燃发生二次灾害；火情得到控制后，彻底扑灭余火。

3）火灾发生后优先抢救被困人员，先救人后灭火。

4）火灾发生后立即向有关部门报告船的方位，报告的位置应准确可靠，便于救援人员赶来。

5）救援过程中应充分考虑船舶的稳性和浮性。射水灭火前应有预案，或在灭火期间采取排水措施，保持船舶的稳性和浮性。

6）灭火没有希望时，应抢滩或弃船逃生。

第5章 消防设施与器材

34. 常见的消防设施

（1）火灾自动报警系统

火灾自动报警系统包括火警自动检测（即火灾报警）和自动灭火控制两个联动的子系统。当发生火灾时，火灾自动报警系统通过探测器监测现场的烟雾浓度、温度等，反馈给报警控制器，当确认发生火灾后，控制器发出声光报警，消防人员根据报警情况，采取消防措施。火灾自动报警系统有3种基本类型，即区域报警系统、集中报警系统和控制中心报警系统。

1）除散装粮食仓库、原煤仓库可不设置火灾自动报警系统外，下列工业建筑或场所应设置火灾自动报警系统：

①丙类高层厂房。

②地下、半地下且建筑面积大于 1 000 m² 的丙类生产场所。

③地下、半地下且建筑面积大于 1 000 m² 的丙类仓库。

④丙类高层仓库或丙类高架仓库。

2）下列民用建筑或场所应设置火灾自动报警系统：

①商店建筑、展览建筑、财贸金融建筑、客运和货运建筑等类似用途的建筑。

②旅馆建筑。

③建筑高度大于 100 m 的住宅建筑。

④图书或文物的珍藏库，每座藏书超过 50 万册的图书馆，重要的档案馆。

⑤地市级及以上广播电视建筑、邮政建筑、电信建筑，城市或区域性电力、交通和防灾等指挥调度建筑。

⑥特等、甲等剧场，座位数超过 1 500 个的其他等级的剧场或电影院，座位数超过 2 000 个的会堂或礼堂，座位数超过 3 000 个的体育馆。

⑦疗养院的病房楼，床位数不少于 100 张的医院的门诊楼、病房楼、手术部等。

⑧托儿所、幼儿园，老年人照料设施，任一层建筑面积大于 500 m² 或总建筑面积大于 1 000 m² 的其他儿童活动场所。

⑨歌舞娱乐放映游艺场所。

⑩其他二类高层公共建筑内建筑面积大于 50 m² 的可燃物品库房和建筑面积大于 500 m² 的商店营业厅，以及其他一类高层公共建筑。

3）除住宅建筑的燃气用气部位外，建筑内可能散发可燃气体、可燃蒸气的场所应设置可燃气体探测报警装置。

(2)防烟与排烟系统

防烟系统是指采用机械加压送风方式或自然通风方式,防止烟气进入疏散通道的系统。排烟系统是指采用机械排烟方式或自然通风方式,将烟气排至建筑物外的系统。防烟与排烟系统都是由送(排)风管道、管井、防火阀、送(排)风机等设备组成,主要向防烟楼梯间及其前室、消防电梯间前室和避难走道的前室、避难层(间)等部位送风,使其保持一定的正压,以防止烟气侵入,确保疏散安全。

1)下列部位应采取防烟措施:

①封闭楼梯间。

②防烟楼梯间及其前室。

③消防电梯的前室或合用前室。

④避难层、避难间。

⑤避难走道的前室,地铁工程中的避难走道。

2)除不适合设置排烟设施的场所、火灾发展缓慢的场所可不设置排烟设施外,工业与民用建筑的下列场所或部位应采取排烟等烟气控制措施:

①建筑面积大于 300 m^2,且经常有人停留或可燃物较多的地上丙类生产场所;丙类厂房内建筑面积大于 300 m^2,且经常有人停留或可燃物较多的地上房间。

②建筑面积大于 100 m^2 的地下或半地下丙类生产场所。

③除高温生产工艺的丁类厂房外,其他建筑面积大于 5 000 m^2 的地上丁类生产场所。

④建筑面积大于 1 000 m^2 的地下或半地下丁类生产场所。

⑤建筑面积大于 300 m^2 的地上丙类库房。

⑥设置在地下或半地下、地上第四层及以上楼层的歌舞娱乐放映游艺场所；设置在其他楼层且房间总建筑面积大于100 m^2 的歌舞娱乐放映游艺场所。

⑦公共建筑内建筑面积大于100 m^2 且经常有人停留的房间。

⑧公共建筑内建筑面积大于300 m^2 且可燃物较多的房间。

⑨中庭。

⑩建筑高度大于32 m的厂房或仓库内长度大于20 m的疏散走道；其他厂房或仓库内长度大于40 m的疏散走道；民用建筑内长度大于20 m的疏散走道。

3）除敞开式汽车库、地下一层中建筑面积小于1 000 m^2 的汽车库、地下一层中建筑面积小于1 000 m^2 的修车库可不设置排烟设施外，其他汽车库、修车库应设置排烟设施。

4）通行机动车的一类、二类、三类城市交通隧道内应设置排烟设施。

5）建筑中下列经常有人停留或可燃物较多且无可开启外窗的房间或区域应设置排烟设施：

①建筑面积大于50 m^2 的房间。

②房间的建筑面积不大于50 m^2，总建筑面积大于200 m^2 的区域。

（3）自动喷水灭火系统

自动喷水灭火系统是由洒水喷头、报警阀组、水流报警装置（水流指示器或压力开关）等组件以及管道、供水设施组成，能在发生火灾时喷水的自动灭火系统。

1）除散装粮食仓库可不设置自动喷水灭火系统外，下列厂房或生产部位、仓库应设置自动喷水灭火系统：

①地上不小于 50 000 纱锭的棉纺厂房中的开包、清花车间；不小于 5 000 锭的麻纺厂房中的分级、梳麻车间；火柴厂的烤梗、筛选部位。

②地上占地面积大于 1 500 m² 或总建筑面积大于 3 000 m² 的单层、多层制鞋、制衣、玩具及电子等类似用途的厂房。

③占地面积大于 1 500 m² 的地上木器厂房。

④泡沫塑料厂的预发、成型、切片、压花部位。

⑤除第①～④项规定外的其他乙类、丙类高层厂房。

⑥建筑面积大于 500 m² 的地下或半地下丙类生产场所。

⑦除占地面积不大于 2 000 m² 的单层棉花仓库外，每座占地面积大于 1 000 m² 的棉、毛、丝、麻、化纤、毛皮及其制品的地上仓库。

⑧每座占地面积大于 600 m² 的地上火柴仓库。

⑨邮政建筑内建筑面积大于 500 m² 的地上空邮袋库。

⑩设计温度高于 0 ℃的地上高架冷库；设计温度高于 0 ℃且每个防火分区建筑面积大于 1 500 m² 的地上非高架冷库。

⑪除第⑦～⑩项规定外，其他每座占地面积大于 1 500 m² 或总建筑面积大于 3 000 m² 的单层、多层丙类仓库。

⑫除第⑦～⑪项规定外，其他丙类、丁类地上高架仓库，丙类、丁类高层仓库。

⑬地下或半地下总建筑面积大于 500 m² 的丙类仓库。

2）除建筑内的游泳池、浴池、溜冰场可不设置自动喷水灭火系统外，下列民用建筑、场所平时使用的人民防空工程应设置自动喷水灭火系统：

①一类高层公共建筑及其地下室、半地下室。

②二类高层公共建筑及其地下室、半地下室中的公共活动用房、走道、办公室、旅馆的客房、可燃物品库房。

③建筑高度大于 100 m 的住宅建筑。

④特等和甲等剧场；座位数大于 1 500 个的乙等剧场；座位数大于 2 000 个的会堂或礼堂；座位数大于 3 000 个的体育馆；座位数大于 5 000 个的体育场的室内人员休息室与器材间等。

⑤任一层建筑面积大于 1 500 m^2 或总建筑面积大于 3 000 m^2 的单层、多层展览建筑、商店建筑、餐饮建筑和旅馆建筑。

⑥中型和大型幼儿园；老年人照料设施；任一层建筑面积大于 1 500 m^2 或总建筑面积大于 3 000 m^2 的单层、多层病房楼、门诊楼和手术部。

⑦除上述规定外，设置具有送回风道（管）系统的集中空气调节系统且总建筑面积大于 3 000 m^2 的其他单层、多层公共建筑。

⑧总建筑面积大于 500 m^2 的地下或半地下商店。

⑨设置在地下或半地下、多层建筑的地上第四层及以上楼层、高层民用建筑内的歌舞娱乐放映游艺场所；设置在多层建筑第一层至第三层且楼层建筑面积大于 300 m^2 的地上歌舞娱乐放映游艺场所。

⑩位于地下或半地下且座位数大于 800 个的电影院、剧场或礼堂的观众厅。

⑪建筑面积大于 1 000 m^2 且平时使用的人民防空工程。

3）除敞开式汽车库可不设置自动喷水灭火系统外，Ⅰ类、Ⅱ类、Ⅲ类地上汽车库，停车数大于 10 辆的地下或半地下汽车库，机械式汽车库，采用汽车专用升降机作汽车疏散出口的汽车库，Ⅰ类的机动车修车库均应设自动喷水灭火系统。

35. 消防车道设置

（1）工业与民用建筑周围、工厂厂区内、仓库库区内、城市轨道交通的车辆基地内、其他地下工程的地面出入口附近，均应设置可通行消防车并与外部公路或街道连通的道路。

（2）下列建筑应至少沿建筑的两条长边设置消防车道：

1）高层厂房；占地面积大于 3 000 m^2 的单层、多层甲类、乙类、丙类厂房。

2）占地面积大于 1 500 m^2 的乙类、丙类仓库。

3）飞机库。

（3）除受环境地理条件限制只能设置 1 条消防车道的公共建筑外，其他高层公共建筑和占地面积大于 3 000 m^2 的其他单层、多层公共建筑应至少沿建筑的两条长边设置消防车道。住宅建筑应至少沿建筑的一条长边设置消防车道。当建筑仅设置 1 条消防车道时，该消防车道应位于建筑的消防车登高操作场地一侧。

（4）供消防车取水的天然水源和消防水池应设置消防车道，天然水源和消防水池的最低水位应满足消防车可靠取水的要求。

（5）消防车道或兼作消防车道的道路应符合下列规定：

1）道路的净宽度和净空高度应满足消防车安全、快速通行的要求。

2）转弯半径应满足消防车转弯的要求。

3）路面及其下面的建筑结构、管道、管沟等，应满足承受消防车满载时压力的要求。

4）坡度应满足消防车满载时正常通行的要求，且不应大于10%；兼作消防救援场地的消防车道，坡度应满足消防车停靠和消防救援作业的要求。

5）消防车道与建筑外墙的水平距离应满足消防车安全通行的要求；位于建筑消防扑救面一侧兼作消防救援场地的消防车道应满足消防救援作业的要求。

6）长度大于40 m的尽头式消防车道应设置满足消防车回转要求的场地或道路。

7）消防车道与建筑消防扑救面之间不应有妨碍消防车操作的障碍物，不应有影响消防车安全作业的架空高压电线。

（6）高层建筑应至少沿其一条长边设置消防车登高操作场地。未连续布置的消防车登高操作场地，应保证消防车的救援作业范围能覆盖该建筑的全部消防扑救面。

（7）消防车登高操作场地应符合下列规定：

1）场地与建筑之间不应有进深大于4 m的裙房及其他妨碍消防

车操作的障碍物或影响消防车作业的架空高压电线；

2）场地及其下面的建筑结构、管道、管沟等应满足承受消防车满载时压力的要求；

3）场地的坡度应满足消防车安全停靠和消防救援作业的要求。

36. 常用的灭火器类型及使用方法

按照灭火器的结构，可将其大致分为手提式灭火器、贮压式灭火器、贮气瓶式灭火器、推车式灭火器、简易式灭火器；按照内装的灭火剂的类型，可将其大致分为水系灭火器、泡沫灭火器、干粉灭火器和气体灭火器。

（1）水系灭火器及使用方法

水系灭火器中充装的是由水、渗透剂、阻燃剂以及其他添加剂组成，一般以液滴或以液滴和泡沫混合的形式存在的液体灭火剂，主要适用于扑救可燃固体类物质如木材、纸张、棉麻织物等的初期火灾。其使用方法如下：

1）使用手提式水系灭火器时，可将灭火器携带至火场，如在室外使用，应选择在火焰的上风向，在人员可安全接近的燃烧物处，拔出灭火器保险销，一手握住喷射管，另一手抓紧压把喷射灭火剂。使用时可通过抓紧或放松压把，间歇地喷射灭火剂。

2）使用推车式水系灭火器时，可将灭火器推（或拉）至火场，在人员可安全接近的燃烧物处，展开喷射管，一手握住喷射枪，另一手拔出保险销，开启瓶头阀，再双手握紧喷射枪，开启喷射枪阀喷射灭火剂。使用时可通过不断地开启和关闭喷射枪阀，实现间歇地喷射灭火剂。灭火时，应对准燃烧物由近而远喷射，并左右扫射，再快速向前推进，使灭火剂完全覆盖在燃烧物上。

3）当使用适用于扑救可燃液体火灾的水系灭火器扑救容器内的液体火灾时，应对准容器壁喷射，使灭火剂自流覆盖在燃烧液体的表面，对火焰进行封闭。应避免直接对准液面喷射，防止喷流的冲击使可燃液体溅出而扩大火势。

（2）泡沫灭火器及使用方法

泡沫灭火器中充装的是泡沫液与水混溶并通过机械方法或化学反应产生的灭火泡沫。根据所充装的泡沫灭火剂种类的不同，这类灭火器可分为蛋白泡沫灭火器、氟蛋白泡沫灭火器、水成膜泡沫灭火器和抗溶性泡沫灭火器等，主要适用于扑救可燃液体类物质如汽油、煤油、柴油、植物油油脂等的初期火灾，也可用于扑救可燃固体类物质如木材、棉花、纸张等的初期火灾。对极性（水溶性）可燃液体如甲醇、乙醚、乙醇、丙酮等的初期火灾，只能用抗溶性泡沫灭火器扑救。

使用时可手提或肩扛灭火器迅速赶往火场，距燃烧物 6 m 左右，拔出保险销，一手握住开启压把，另一手紧握喷枪；用力抓紧开启压把，打开密封或刺穿贮气瓶密封片，泡沫即可从喷枪口喷出。灭火方法与手提式水系灭火器相同。但使用泡沫灭火器时，应使灭火器始终保持直立状态，切勿颠倒或横卧使用，否则会中断喷射。同时应一直紧握开启压把，不能松手，否则也会中断喷射。

（3）干粉灭火器及使用方式

干粉灭火器内充装的是用于灭火的干燥、易于流动的细微粉末。根据所充装的干粉灭火剂种类的不同，这类灭火器可分为碳酸氢钠干粉灭火器、钾盐干粉灭火器、氨基干粉灭火器和磷酸铵盐干粉灭火器。我国主要生产碳酸氢钠干粉灭火器和磷酸铵盐干粉灭火器。碳酸氢钠干粉灭火器适用于扑救可燃液体和气体类火灾，又称BC干粉灭火器。磷酸铵盐干粉灭火器适用于扑救可燃固体、液体和气体类火灾，又称ABC干粉灭火器。干粉灭火器主要适用于扑救可燃液体、气体类物质和电气设备的初期火灾。

1）贮压式干粉灭火器。贮压式干粉灭火器将干粉与动力（压缩）气体装于一体，其结构主要由筒体、筒盖、出粉管及喷射管组成。使用时，先将灭火器上下颠倒并摇晃几次，使内部干粉松动并与压缩气体充分混合。然后摆正灭火器，拔出手压柄和固定柄（提把）间的保险销，一手握住灭火器喷射管，另一手用力压下并握紧两个手柄，使灭火器开启，待干粉射流喷出后，根据火灾情况，调整喷射管，将干粉喷于火焰根部灭火。

2）外贮气瓶式干粉灭火器。外贮气瓶式干粉灭火器主要由二氧化碳钢瓶、筒体、出粉管及喷射管组成。使用时用力向上提起贮气钢瓶上部的开启提环，随后一手迅速握住喷射管，另一手提起灭火器，通过调整喷射管，将干粉喷于火焰根部灭火。

3）内贮气瓶式干粉灭火器。内贮气瓶式干粉灭火器与外贮气瓶式干粉灭火器的不同之处在于，其装有压缩气体的小钢瓶内置在灭火器内部。使用时拔下保险销，一手握住喷射管，另一手将手压柄压下并提起灭火器，灭火器则会立即开启。待干粉喷出后，调整喷射管，将干粉对准火焰根部喷射灭火。

（4）气体灭火器及使用方式

气体灭火器中充装的是气体状态的灭火剂，主要适用于扑救可燃液体类物质和带电设备的初期火灾，以及珍贵的文献、档案、精密仪器等的火灾。其中，二氧化碳灭火器使用最为广泛，以下以二氧化碳灭火器为例说明其使用方法。

1）使用手提式二氧化碳灭火器时，可将灭火器携带至火场，在人员可安全接近的燃烧物处，拔出灭火器保险销，一手握住喇叭喷筒上部的防静电手柄，另一手抓紧压把，开启灭火器。

2）对没有喷射管的二氧化碳灭火器，应向上扳动与喇叭喷筒相连的金属连接管，使喇叭喷筒呈水平状。使用时，不能直接用手抓住喇叭喷筒外壁或金属连接管，防止手被冻伤，可通过抓紧或放松压把，间歇地喷射灭火剂。

3）应设法使二氧化碳灭火剂集中在燃烧区域以达到灭火浓度。在室外使用的，应选择在上风方向喷射，使灭火剂完全地覆盖在燃烧物上，直至将火焰全部扑灭。

4）扑救在容器内燃烧的可燃液体时，应使喷射出的二氧化碳灭火剂覆盖容器的开口表面，避免直接冲击液面防止可燃液体溅出而扩大火势，造成更大危害。

5）使用推车式二氧化碳灭火器时，一般宜两人操作，使用时由两人一起将灭火器推（或拉）至火场，在人员可安全接近的燃烧物处，一人快速取下喇叭喷筒并展开喷射管，握住喇叭喷筒上部的防静电手柄，另一人快速拔出保险销，按顺时针方向旋转手轮阀并开到最大位置。具体灭火方法与手提式相同。

37. 常用的阻火、防爆装置

（1）常用阻火装置

阻火装置又称火焰隔断装置，包括安全液封、阻火器、阻火圈、火星熄灭器等，其主要作用是防止外部火焰进入存有易燃易爆物料的系统、设备、容器及管道内，或者阻止火焰在系统、设备、容器及管道之间蔓延。

1）安全液封。安全液封一般安装在管线与生产设备之间，其基本原理是：以不燃液体作为阻火介质，设置在可燃气体进出口之间，当液封两侧的任一侧着火，火焰蔓延到液封就会熄灭，从而阻止火势蔓延。水封井也是安全液封的一种，一般设置在含有可燃气体（蒸气）或者油污的排污管道上，以防火势沿排污管道蔓延。

2）阻火器。阻火器是指由阻火元件、外壳及配件构成的，能阻止火焰（爆燃或爆轰）通过，但在正常工况下允许介质流通的装置。阻火器按阻火性能可分为阻爆燃型阻火器、阻爆轰型阻火器；按安装位置可分为管端阻火器、管道阻火器；按阻火元件结构可分为波纹板式、金属丝网式、平行板式、充填式、多孔板式。

3）阻火圈。阻火圈是指由金属等材料制作的壳体和阻燃膨胀芯材组成的套圈，套在硬聚氯乙烯等塑料管道外壁，火灾时阻燃膨胀芯材受热迅速膨胀，挤压管道，使之封堵，以阻止火势沿管道蔓延。

4）火星熄灭器。由烟道或车辆尾气排放管等飞出的火星也可能引起火灾。通常在可能产生火星的排放系统末端安装火星熄灭器（又称防火帽），防止飞出的火星引燃可燃物料。

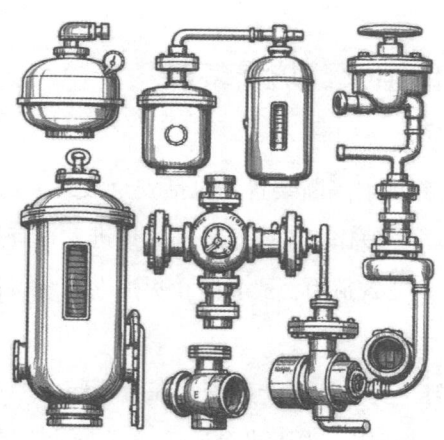

（2）常用防爆装置

1）安全阀。安全阀是指不借助任何外力而利用自身介质的力来排出一定数量的流体，以防止压力超过某个预定安全值的自动阀门；当压力恢复正常后，阀门关闭并阻止介质继续流出。安全阀通常可分为弹簧式安全阀和杠杆式安全阀。安全阀应符合以下规定：

①经常检查安全阀的铅封是否完好，检查杠杆式安全阀的重锤是否有松动、被移动以及另挂重物的现象。

②发现安全阀有渗漏迹象时,应及时进行更换或检修。禁止用增加载荷的方法消除阀的泄漏。

③经常保持安全阀的清洁,防止阀体弹簧等附着污垢或被锈蚀,防止安全阀排气管被异物堵塞。应定期对安全阀进行手动排放试验。安全阀清洗完后,必须重新调试。

④安全阀应定期检验,检验合格的安全阀应加装铅封,每月自动排放试验一次,每周手动排放试验一次,做好记录并签名。

⑤易燃易爆介质的安全阀出口要开放,避免形成爆炸性混合物而发生爆炸;剧毒介质的安全阀不得直接排放。安全阀出口不得正对走道,不得形成背压。

2)爆破片安全装置。爆破片安全装置是指由爆破片(或爆破片组件)和夹持器(或支承圈)等零部件组成的非重闭式压力泄放装置。在设定的爆破温度下,爆破片两侧压力差达到预定值时,爆破片即刻动作(破裂或脱落),并泄放出流体介质。爆破片安全装置应符合以下规定:

①爆破片安全装置使用的材料应具有良好的耐腐蚀性能、均匀稳定的力学性能和热稳定性,并能够满足被保护承压设备的基本安全要求。

②用于腐蚀环境,且有可能导致爆破片安全装置泄漏或提前失效的,可采用在爆破片或夹持器等零部件表面进行电镀、喷涂或衬膜等防腐蚀处理措施,防止爆破片安全装置腐蚀失效。

③爆破片设计结构上采用减弱槽时,减弱槽的长度或直径应保证有足够的排放流量,减弱槽的设计应保证爆破片爆破后无碎片产生。

④爆破片及夹持器使用的材料应符合相应国家标准或行业标准的

规定，且应有材料制造单位提供的质量证明文件（含质量证明书和合格证）。爆破片产品合格证至少有制造单位名称或商标、制造执行标准、特种设备制造许可证编号、批次编号、型号等内容。

⑤爆破片安全装置应根据被保护承压设备的承载能力、工作条件、结构特点、使用单位的要求、相应类似工程试验结果、相关安全技术规范的规定及与制造单位商定的制造范围和爆破压力允差等因素综合考虑，合理地确定爆破片的最小爆破压力和最大爆破压力。

3）防爆帽。防爆帽（又称爆破帽）属于断裂型的安全泄压装置，其形式较多，主要元件为一端封闭、中间有一个薄弱断面的厚壁短管，当容器内压力超标时，即从薄弱断面处断裂，过高的压力从此处泄放。防爆帽结构简单、制造较容易且爆破压力易于控制，因此适用于各类超高压容器。

4）防爆门（窗）。防爆门（窗）一般设置在使用油、气或煤粉作燃料的加热炉燃烧室外壁上，在燃烧室发生爆燃或爆炸时用于泄压，以防止加热炉的其他部分遭到破坏。

5）防爆球阀。防爆球阀常用于加热炉的燃烧室底部，起泄压作用。

38. 消火栓箱的使用方法

（1）打开消火栓箱的箱门，取出消防水带、水枪。

（2）检查水带及接头是否完好，如有破损严禁使用。

（3）向火场方向铺设水带，铺设时避免扭折。

（4）将水带一端与消火栓连接，连接时将连接扣准确插入滑槽，按顺时针方向拧紧。

（5）将水带另一端与水枪连接（连接方法与消火栓连接相同）。

（6）连接完毕至少2人握紧水枪，对准火焰（严禁对人，防止高压伤人）。

（7）缓慢打开消火栓阀门至最大，对准火焰根部进行灭火。

需要注意的是：使用前检查水带及其接头是否完好，若有破损严禁使用；铺设水带时要避免扭折，确保水带顺畅；用消火栓灭火至少3人，2人握水枪，1人开阀；防止水枪与水带、水带与消火栓脱开，造成高压水伤人；扑救电气火灾前应检查是否已经断电，断电后方可进行扑救；对准火焰根部喷水，确保灭火效果。

39. 灯光疏散指示标志和疏散照明装置

（1）需要设置灯光疏散指示标志的场所

除筒仓、散装粮食仓库和火灾发展缓慢的场所外，下列建筑应设置灯光疏散指示标志，其设置间距、照度应保证疏散路线指示明确、方向指示正确清晰、视觉连续：

1）甲类、乙类、丙类厂房，高层丁类、戊类厂房；

2）丙类仓库，高层仓库；

3）公共建筑；

4）建筑高度大于27 m的住宅建筑；

5）除室内无车道且无人员停留的汽车库外的其他汽车库和修车库；

6）平时使用的人民防空工程；

7）地铁工程中的车站、换乘通道或连接通道、车辆基地、地下区间内的纵向疏散平台；

8）城市交通隧道、城市综合管廊；

9）城市的地下人行通道；

10）其他地下或半地下建筑。

（2）需要设置疏散照明的场所

除筒仓、散装粮食仓库和火灾发展缓慢的场所外，厂房、丙类仓库、民用建筑、平时使用的人民防空工程等建筑中的下列部位应设置疏散照明：

1）安全出口、疏散楼梯（间）、疏散楼梯间的前室或合用前室、避难走道及其前室、避难层、避难间、消防专用通道、兼作人员疏散的天桥和连廊；

2）观众厅、展览厅、多功能厅及其疏散口；

3）建筑面积大于 200 m^2 的营业厅、餐厅、演播室、售票厅、候车（机、船）厅等人员密集的场所及其疏散口；

4）建筑面积大于 100 m^2 的地下或半地下公共活动场所；

5）地铁工程中的车站公共区，自动扶梯、自动人行道，楼梯，连接通道或换乘通道，车辆基地，地下区间内的纵向疏散平台；

6）城市交通隧道两侧，人行横通道或人行疏散通道；

7）城市综合管廊的人行道及人员出入口；

8）城市地下人行通道。

（3）设置要求

1）疏散照明灯具应设置在出口的顶部、墙面的上部或顶棚上；备用照明灯具应设置在墙面的上部或顶棚上。

2）公共建筑、建筑高度大于 54 m 的住宅建筑、高层厂房（库房）和甲类、乙类、丙类单层、多层厂房，应设置灯光疏散指示标志，并应设置在安全出口和人员密集的场所的疏散门的正上方，以及疏散走道及其转角处距地面高度 1 m 以下的墙面或地面上。灯光疏散指示标志的间距不应大于 20 m；对于袋形走道，不应大于 10 m；在走道转角区，不应大于 1 m。

3）建筑内疏散照明的地面最低水平照度应符合下列规定：疏散楼梯间、疏散楼梯间的前室或合用前室、避难走道及其前室、避难层、避难间、消防专用通道，不应低于 10 lx；疏散走道、人员密集的场所，不应低于 3 lx；上述规定场所外的其他场所，不应低于 1 lx。

第6章 火灾应急处置与逃生救护

40. 火灾应急处置原则

火灾应急处置应本着"抓住有利时机,第一时间扑灭初期火灾""先控制、后灭火""先冷却保护着火部位及周围受影响的设备设施,后集中力量统一歼灭""先外围、后中间""先上风、后下风""救人第一,先救人后灭火或救人与灭火同时进行"等原则进行。处理灭火时,人员应在上风方向,不应处于低洼地带,并穿戴好防护用品。

(1)发现火情后,现场人员应保持冷静,迅速使用起火现场的灭火器、消火栓等消防器材在第一时间灭火,力争把火控制、扑灭在初期阶段。同时呼喊周围人员参与灭火并及时报警。

（2）切断火势蔓延的途径，冷却和转移受火势威胁的可燃物，控制燃烧范围，积极抢救受伤和被困人员。

（3）现场负责人或班组长应马上组织人员赶赴事故现场增援，参与灭火。

（4）及时掌握燃烧物的特性和储存情况，采取针对性灭火措施。若燃烧产生的烟气有毒害性，扑救人员必须佩戴呼吸防护用品，做好防护措施。

（5）如有人员受伤，应以先抢救伤员为主，重伤者要立即送往医院；火灾扑灭后，应留有人员观察现场情况，防止复燃。

（6）若火势难以控制，现场负责人或班组长应指定专人组织疏散，落实火灾危险区域隔离措施。

（7）对送风、供电系统进行处理，停止其运行或部分停止使用。

（8）当火灾已被完全扑灭，现场负责人可根据现场恢复情况宣布应急处置结束，并向应急指挥部详细报告事故情况。

（9）现场情况无法得到有效控制时，现场负责人或班组长应立即报告有关部门启动更高一级的应急救援预案。

41. 火灾现场逃生的方法与注意事项

（1）火灾现场逃生的方法

1）在确保安全的情况下，尽可能扑灭初期火灾。

2）保持镇静，辨明方向后迅速撤离。

3）不入险地，千万不能因为抢救财物而浪费宝贵的逃生时间。

4）利用现有条件进行简易防护，如用水浸湿毛巾、衣服等捂住口鼻，低姿前进，有序撤离。

5）从逃生通道撤离，不使用普通电梯。

6）利用建筑物配置的缓降逃生器或滑绳自救。

7）如确实无法逃离或出口已被封锁,应立即进入避难场所,固守待援。

8）在阳台或窗口挥动或轻抛颜色鲜艳的衣物,吸引救援人员注意。

9）在能确保生命安全的情况下,低层紧急跳楼可作为一种迫不得已的逃生方法。

10）身处险境,自救的同时应该尽可能帮助他人。

（2）火灾现场逃生的注意事项

1）保持镇静,克服惊慌心理,谨防心理崩溃。

2）逃生时要注意随手关闭通道上的门窗。

3）克服盲目从众行为。

4）火场逃生要迅速,动作越快越好。

5）不要向狭窄的角落退避。

6）不要在烟气中直立行走,不要深呼吸,要尽量低势前进,用湿毛巾捂住口鼻。

7）不要因财物等原因重返火场。

8）身上着火时切勿跑动。

9）不能盲目跳楼。

10）要正确估计火势的发展和蔓延态势,防止产生侥幸心理。

 相关链接

火场逃生常见的错误行为：

（1）原路脱险

发生火灾时,人们总是习惯沿着进来的出入口和楼梯通道进行逃生，当发现此路被封死时，才被迫去寻找其他出入口。殊不知，此时已错过最佳逃生时间。

（2）向光朝亮

在危险情况下，人们总是出于本能，向着有光、明亮的方向逃生。但是，很多时候光亮的地方正是火灾燃烧比较严重的地方，也是最危险的地方。

（3）盲目追随

当人的生命突然面临危险时，极易因惊慌失措而失去正常的判断能力，当听到或看到有人在前面跑动时，第一反应就是盲目地跟随其后。

（4）自高向下

当高层建筑发生火灾时，人们总是习惯性地认为火是从下向上蔓延的，越往上越危险，越往下越安全。若身处着火楼层的下层或同层，可以向下逃生；但若身处着火楼层的上层，向下逃生很可能将自己送入火海。

（5）冒险跳楼

当发现逃生之路被大火封死，而火势越来越大、烟雾越来越浓时，人们很容易失去理智，盲目跳楼、跳窗等，若身处高层，这样做反而降低了生还的可能。

42. 建筑火灾的避险逃生方法

（1）镇定自救

沉着冷静，辨明方向，迅速撤离危险区域。如果火灾现场人员较多，切不可慌张，更不要相互拥挤、盲目跟从或乱冲乱撞、相互踩踏，以防造成意外伤害。

（2）选择逃生路径

在高层建筑中，电梯在火灾发生时会随时断电。因此，发生火灾时千万不可乘坐普通电梯逃生，而要根据情况选择相对安全的楼梯、消防通道、有外窗的通廊等。此外，还可以利用建筑物的阳台、窗台、天台和屋顶等攀爬到周围的安全地点。

（3）创造条件

在救援人员尚未赶到的情况下，可以迅速利用身边的绳索或床单、窗帘、衣服等自制成简易救生绳，有条件的最好用水浸湿，系在室内的固定设备上，然后从窗台或阳台沿绳缓滑到下面楼层或地面，还可以沿着水管、避雷线等建筑结构中牢固的凸出物滑到地面。

（4）暂避等待

暂避到较安全的场所，等待救援。若用手摸房门已感到烫手，或已知房间被大火或烟雾围困，此时切不可打开房门，否则火焰与浓烟会顺势冲进房间。这时可采取创造避难场所固守待援的办法，关紧迎火的门窗，用湿毛巾或湿布条塞住门窗缝隙，或者用水浸湿棉被蒙上门窗，并不停地泼水降温，同时用水淋湿房间内的可燃物，防止烟火侵入。

（5）向外求救

设法发出信号，寻求外界帮助。被烟火围困暂时无法逃离的人员，应尽量站在阳台或窗口等易于被人发现和远离烟火的地方。白天可以向窗外晃动颜色鲜艳的衣物，晚上可以用电筒不停地在窗口闪动或者采取敲击金属物、大声呼救等方法，以引起救援人员的注意。

43. 疏散方式及可利用的疏散设施

（1）疏散方式

1）口头引导疏散。发生火灾时，人们急于逃生，可能同时挤向有明显标志的出口，造成混乱。此时，工作人员要设法引导疏散，指明各疏散通道。同时要用镇定的语气呼喊，劝说人们消除因遇险而产生的恐慌心理，稳定情绪、坚定信心、积极配合，按指定路线有条不紊地安全撤离。

2）广播引导疏散。广播引导在疏散中起着非常重要的作用。事故广播小组在接到发生火灾的信号后，要立即启动事故广播系统，将指挥员的命令、火灾情况、疏散情况等在控制中心发出，引导人们撤离。

3）强行疏导疏散。如果火势较大，直接威胁人员安全，影响疏

散时，工作人员及到达火场的消防救援人员，可利用各种灭火器材及水枪全力堵截大火，掩护被困人员疏散。由于惊慌混乱而造成疏散通道堵塞时，要采取必要的手段强制疏导，向外拖拉。有人跌倒时，还要设法阻止人流，迅速扶起摔倒的人员，防止出现踩踏事故。疏散时一定要维持好秩序，注意防止拥挤，要帮助行动不便的"老、弱、病、残、孕"一同撤离火场。在疏散通道的拐弯、岔道等容易走错方向的地方，应设立"哨位"指示方向，防止有遇险人员误入危险区域。

（2）可利用的疏散设施

1）疏散楼梯间，包括敞开楼梯间、封闭楼梯间、防烟楼梯间和室外疏散楼梯。

2）疏散走道。

3）安全出口，包括疏散楼梯和直通室外的疏散门。

4）应急照明和疏散指示标志、应急广播及辅助救生设施等。

5）超高层建筑还需设置避难层和直升机停机坪等。

 相关链接

封闭楼梯间和防烟楼梯间的设置应符合以下要求。

（1）除住宅建筑套内的自用楼梯外，建筑的地下或半地下室、平时使用的人民防空工程、其他地下工程的疏散楼梯间，当埋深不大于 10 m 或层数不大于 2 层时，应为封闭楼梯间；当埋深大于 10 m 或层数不小于 3 层时，应为防烟楼梯间。

（2）汽车库或修车库的室内疏散楼梯应符合下列规定：

1）建筑高度大于 32 m 的高层汽车库，应为防烟楼梯间。

2）建筑高度不大于 32 m 的汽车库，应为封闭楼梯间。

3）地上修车库，应为封闭楼梯间。

（3）高层厂房和甲类、乙类、丙类多层厂房的疏散楼梯应为封闭楼梯间或室外楼梯。建筑高度大于 32 m 且任一层使用人数大于 10 人的厂房，疏散楼梯应为防烟楼梯间或室外楼梯。

（4）高层仓库的疏散楼梯应为封闭楼梯间或室外楼梯。

（5）住宅建筑的室内疏散楼梯应符合下列规定：

1）建筑高度不大于 21 m 的住宅建筑，当户门的耐火完整性低于 1 h 时，与电梯井相邻布置的疏散楼梯应为封闭楼梯间。

2）建筑高度大于 21 m、不大于 33 m 的住宅建筑，当户门的耐火完整性低于 1 h 时，疏散楼梯应为封闭楼梯间。

3）建筑高度大于 33 m 的住宅建筑，疏散楼梯应为防烟楼梯间，开向防烟楼梯间前室或合用前室的户门应为耐火性能不低于乙级的防火门。

（6）下列公共建筑中与敞开式外廊不直接连通的室内疏散楼梯均应为封闭楼梯间：

1）建筑高度不大于 32 m 的二类高层公共建筑。

2）多层医疗建筑、旅馆建筑、老年人照料设施及类似使用功能的建筑。

3）设置歌舞娱乐放映游艺场所的多层建筑。

4）多层商店建筑、图书馆、展览建筑、会议中心及类似使用功能的建筑。

5）6 层及 6 层以上的其他多层公共建筑。

（7）下列公共建筑的室内疏散楼梯应为防烟楼梯间：

1）一类高层公共建筑。

2）建筑高度大于 32 m 的二类高层公共建筑。

44. 烧伤、中毒窒息的救护方法

（1）烧伤的救护方法

1）立即用清水冲洗或浸泡烧伤部位 10~20 min，也可使用冷敷的方法，但不可将冰块直接放在创面上冷敷。冲洗或浸泡后，应尽快脱去或剪去着过火的衣服或被热液浸渍的衣服。

2）轻度烧伤，用清水冲洗后擦干，局部涂烫伤膏，无须包扎；面积较大的烧伤，可用干净的纱布、被单、衣服覆盖创面，及时送往医院救治。

3）尽量不挑破水疱。较大的水疱可用经火烤或用 75% 酒精消毒后的针刺破，放出疱液，但切忌剪除表皮。

4）烧伤创面上切不可自行使用有颜色的药水或药膏等涂抹，以免掩盖创面，影响医护人员对烧伤程度的判断而耽误诊治。

5）千万不要给口渴的伤员喝大量白开水。

6）吸入高温气体或蒸气导致呼吸道烧伤，发生窒息时，应尽快解除伤员衣物，如果伤员呼吸心搏骤停，应立即进行心肺复苏。

7）密切观察伤员有无进展性呼吸困难，并及时送往最近的医院做进一步的诊断治疗。

（2）中毒窒息的救护方法

1）救护人员进入危险区必须戴上防毒面具、自救器等劳动防护用品，必要时也应给中毒者戴上，迅速把中毒者转移到有新鲜风流的地方，静卧保暖。

2）如果是一氧化碳中毒，中毒者还没有停止呼吸或呼吸虽已停止但仍有心搏，应清理中毒者口腔和鼻腔内的杂物，使其呼吸道保持畅通，立即进行人工呼吸。若同时出现呼吸心搏骤停，应迅速进行胸外心脏按压，同时进行人工呼吸。

3）如果是硫化氢中毒，在进行人工呼吸之前，要将浸透食盐溶液的棉花或手帕盖在中毒者的口鼻上。

4）如果是瓦斯或二氧化碳导致的窒息，情况不太严重时，只要把窒息者转移到空气新鲜的场地稍做休息即可，若经过一段时间仍没有苏醒，则应进行人工呼吸。

5）救护人员一定要沉着冷静，动作要迅速，在进行救护的同时，应通知医护人员到现场进行救治。

45. 口对口人工呼吸

（1）将患者置于仰卧位，使其颈部伸直，右手向上托患者的下颌，使患者的头部后仰，以保持呼吸道畅通，这样有利于进行人工呼吸。

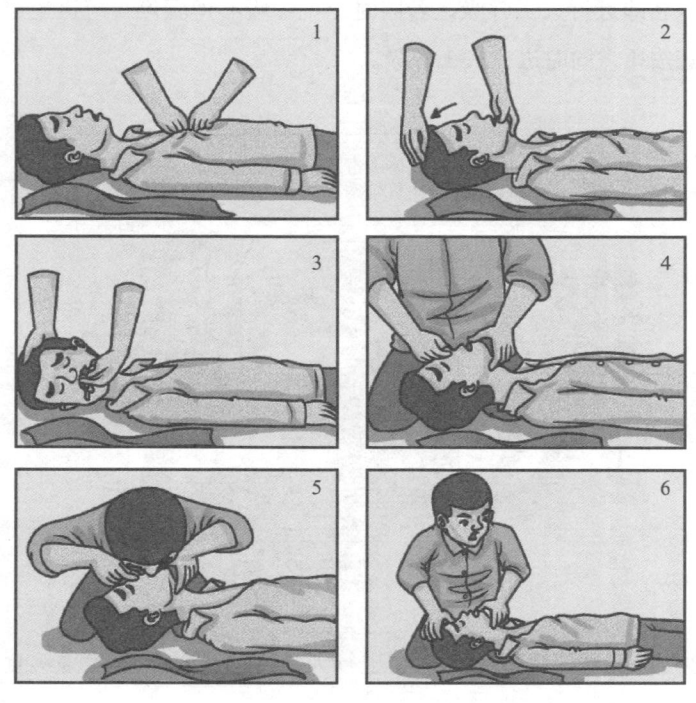

（2）清理患者口腔，包括痰液、呕吐物及异物等。

（3）在条件允许的情况下，用身边现有的清洁布质材料，如手绢、毛巾等盖在患者口部，防止传染病。

（4）右手捏住患者鼻孔（防止漏气），左手轻压患者下颌，把口腔打开。

（5）施救者自己先深吸一口气，用自己的口唇把患者的口唇包住，向患者嘴里吹气。吹气要均匀且持久（像平时长出一口气一样），但不要用力过猛。吹气的同时用余光观察患者的胸部，如看到患者的胸部膨起，表明气体吹进了患者的肺部，吹气的力度合适；如果看不到患者胸部膨起，说明吹气力度不够，应适当加强。吹气后待患者膨起的胸部自然回落后，再深吸一口气重复吹气，反复进行。

（6）对一岁以下婴儿进行抢救时，施救者要用自己的嘴把婴儿的口鼻全部都包住进行人工呼吸。对婴幼儿和儿童施救时吹气力度要减小。

（7）每分钟吹气10~12次。

46. 绷带包扎法与止血法

（1）绷带包扎法

1）环形法。将绷带做环形重叠缠绕。第一圈环绕稍做斜状，第二、第三圈绕成环形，并将第一圈斜出一角压于环形圈内，最后用胶布将带尾固定，也可将带尾剪开打结。此法是绷带包扎法中最基本的方法，多用于手腕、肢体等部位。

2）蛇形法。先将绷带按环形法缠绕数圈，再以绷带的宽度为间隔（即每圈互不遮盖）斜形上缠或下缠。

3）螺旋形法。先按环形法缠绕数圈，再螺旋形上缠，每圈都盖住前圈的 1/3 或 2/3。

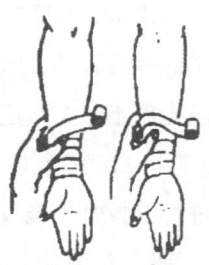

4）螺旋反折法。先按环形法缠绕数圈，再做螺旋形法缠绕，等缠到渐粗处，每圈将绷带反折一次，盖住前圈的 1/3 或 2/3，依次由上而下缠绕。

5）8字形法。在关节弯曲的上方、下方，将绷带由下而上缠绕，再由上而下成8字形来回缠绕。

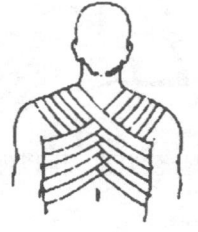 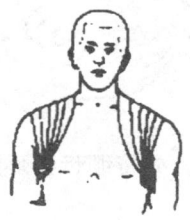

（2）止血法

1）一般止血法。针对小的创口出血。需用生理盐水冲洗后再对创口进行消毒，然后覆盖消毒纱布并用绷带扎紧包扎。

2）填塞止血法。用消毒的纱布、棉垫填塞、压迫创口，外用绷带、三角巾包扎，松紧度以达到止血效果为宜。

3）加垫屈肢止血法。加垫屈肢止血法是适用于四肢非骨折性创伤的动脉出血的临时止血措施。当前臂或小腿出血时，可于肘窝或腘窝内放纱布、棉花、毛巾做垫，屈曲关节，用绷带将肢体牢固地固定在屈曲的位置上。

4）指压止血法。指压止血法是动脉出血时最迅速的一种临时止血法。用手指或手掌将伤部近心端的动脉用力压于骨骼上，阻断血液通过，可起到立即止血的作用，但仅限于身体较表浅部位的易于压迫的动脉。

5）止血带止血法。止血带止血法主要是用橡胶管或胶管止血带压迫近心端的血管而达到止血的目的。如遇到四肢大出血，需要止血带止血，而现场又无专用止血带时，可在现场就地取材，如用布条、线绳或麻绳等作为临时止血带。